Hörspiel und Podcast selber machen

für dummies® Junior

Marco Ponce Kärgel

2. vollständig überarbeitete und erweiterte Auflage

WILEY-VCH GmbH

Bibliografische Information der Deutschen Nationalbibliothek

Die Deutsche Nationalbibliothek verzeichnet diese Publikation in der Deutschen Nationalbibliografie; detaillierte bibliografische Daten sind im Internet über http://dnb.d-nb.de abrufbar.

2. vollst. überarb. u. erw. Auflage 2025

Coverillustration: © Nadya Ustuzhantceva – stock.adobe.com

Korrektur: Geesche Kieckbusch, Hamburg

Satz: Straive, Chennai, India

Druck und Bindung:

Print ISBN: 978-3-527-72243-3

ePub ISBN: 978-3-527-84948-2

Bevollmächtigte des Herstellers gemäß EU-Produktsicherheitsverordnung ist die Wiley-VCH GmbH, Boschstr. 12, 69469 Weinheim, Deutschland, E-Mail: Product_Safety@wiley.com.

Inhalt

Kapitel 2: Podcast – Was ist das und wie geht das?! 39

Kapitel 3: Das brauchst du 50

Kapitel 4: Erste Aufnahmen 63

Kapitel 5: Aufnehmen für Profis 86

Einleitung

Hallo, liebe zukünftige Hörspielmacherin und lieber Hörspielmacher! Und hallo, liebe Podcasterin und lieber Podcaster!

Hast du schon mal »Die drei ???« gehört? Oder, als du kleiner warst, »Benjamin Blümchen« und »Der kleine Drache Kokosnuss«? Oder später den ganzen Stapel CDs von »Harry Potter« oder »Der Herr der Ringe«? Und warst du genauso fasziniert und überwältigt wie ich? Bist du auch in fremde Welten eingetaucht und hast mit deinen Helden mitgefiebert?

Und dann die Geräusche: schwere Schritte, eine knarrende Tür, ein rätselhaftes Rumpeln im Raum nebenan – schön schaurig! Oder eher lustig, wie in einem Comic: Jemand purzelt holterdiepolter die Treppe herunter oder bekommt mit einem Klatschen die Torte ins Gesicht. Hast du dir auch deine ganz eigenen Bilder dazu gemacht? So eine Art Kino im Kopf?

Oder hörst du auch viele Podcasts der unterschiedlichsten Art: Interessante Gespräche zu einem Thema, das dich schon immer beschäftigt hat? Oder spannende Dokumentationen aus der Welt der Forschung und Wissenschaft?

Und hast du dir dann gedacht: »So etwas will ich auch mal selbst machen! Ich will mir eine spannende, komische, traurige, packende Geschichte ausdenken. Ich will Geräusche und Musik dazu selbst machen. Dann alles mit Mikrofonen aufnehmen und schließlich ein eigenes Hörspiel oder einen spannenden Podcast daraus basteln!« Dann hältst du genau das richtige Buch in den Händen!

Über dieses Buch

In diesem Buch erkläre ich dir nach und nach und ganz ausführlich, was du alles zu tun hast, wenn du ein Hörspiel oder einen Podcast produzieren willst: eine Story ausdenken oder ein Thema finden, Interviews führen, die Aufnahmen machen, schneiden, mischen, Klang-Effekte einsetzen. Und am Ende alles zusammenbauen.

Ich stelle dir ausführlich die Audio-Software **Audacity** vor und gebe dir viele praktische Tipps, wie du mit ihr deine Hörspiel- und Podcast-Fantasien wahr werden lässt.

Audacity ist eine kostenlose Audio-Software, die du dir ganz einfach aus dem Internet herunterladen kannst. Sie läuft sowohl unter macOS (dem Apple-Betriebssystem) als auch unter Windows (dem Microsoft-Betriebssystem) und Linux.

Die Versionen unterscheiden sich nur in einigen Kleinigkeiten voneinander. Ich selbst arbeite schon immer mit dem Apple-Betriebssystem macOS und benutze es auch für dieses Buch. Wenn es Stellen geben sollte, an denen sich die Versionen stark unterscheiden, sage ich dir Bescheid.

Podcasts sind in den letzten Jahren immer beliebter geworden, sowohl zum Anhören aber eben auch zum Selbermachen. Im Kapitel »Podcast – Was ist das und wie geht das?!« erzähle ich dir, wie du deinen eigenen Podcast planen und produzieren kannst. Du lernst so einiges darüber, was eine gute Podcast-Episode ausmacht, wie man ein gutes Thema findet und dazu recherchiert, wie man ein Interview führt und vieles mehr. Außerdem noch ein paar kleine Tipps, wie du deinem Podcast noch das »akustische Sahnehäubchen« aufsetzen kannst! Im Kapitel »Podcast – Und jetzt ins Netz!« geht es dann darum, wie du deinen Podcast schließlich ins Internet bringst, wie du zum Beispiel eine Hosting-Plattform findest und deine einzelnen Episoden hochlädst.

Viele Kapitel kannst du sehr gut sowohl für Hörspiele als auch Podcasts nutzen, manchmal ergänzen sie sich sogar – schließlich geht es ja immer ums Sprechen und Hören! Das Aufnahme-Equipment und die Arbeit mit der Software Audacity ist für beide Produktionen ziemlich gleich. Auch die Tipps im Kapitel »Story und Skript« und die Lese- und Sprechübungen können für deinen Podcast nützlich sein. Du kannst oft also »zweigleisig fahren«. An einigen Stellen im Buch beschreibe ich dir das dann nochmal genauer.

Im letzten Kapitel mache ich dir noch ein paar weitere Vorschläge, was du mit Audacity machen kannst: Hörbücher, Audioguides, Slideshows, Geräuschcollagen, Musik und einiges mehr. Sogar für die eine oder andere Hausaufgabe in der Schule könntest du die Software einsetzen!

Im Gegensatz zu früher, als ich angefangen habe, eigene kleine Hörspiele für mich zu produzieren, **brauchst du heutzutage nur ganz wenig Equipment**. Du brauchst keine Tonbänder, Kassetten, keine unerschwinglich teuren Mikrofone und schon gar kein Tonstudio. Und für den Anfang hast du das Wichtigste wahrscheinlich sowieso schon zur Hand: einen einfachen Laptop und einen Internetzugang, um dir die Software Audacity herunterzuladen, die wir in diesem Buch benutzen werden.

Wenn du richtig tief in die Audioproduktion einsteigen willst, gebe ich dir im Buch auch noch Tipps, mit welchem Equipment und mit welchen Tricks du immer professioneller arbeiten kannst.

Dieses Buch erscheint jetzt in der zweiten, aktualisierten Auflage. Inzwischen hat sich nämlich zum Beispiel beim Thema Podcast so einiges getan. Aber vor allem hat sich die Software Audacity enorm weiterentwickelt und hält viele technische Verbesserungen bereit. Außerdem lässt sie sich jetzt viel einfacher und bequemer bedienen.

Wie du dieses Buch benutzen kannst

Du kannst dieses Buch als Gebrauchsanleitung benutzen und in jedem Kapitel die einzelnen Arbeitsschritte in deinem eigenen Tempo einfach nachmachen.

Wenn du aber zum Beispiel eine eigene Geschichte schon längst fertig in der Schublade hast, die du gerne vertonen willst, kannst du das Kapitel »Story und Skript« auch einfach überspringen und später einsteigen. Oder du überfliegst das Kapitel nochmal, um deine eigene Geschichte zu überprüfen und zu verändern und vielleicht hörspieltauglicher zu machen.

Genauso kannst du das Kapitel »Das brauchst du« überspringen, wenn du schon das nötige Equipment beisammenhast und vielleicht sogar schon einmal Audioaufnahmen gemacht hast.

Und wenn du lieber einen Podcast machen willst, startest du gleich mit dem Kapitel »Podcast – Was ist das und wie geht das?!«

Du kannst also praktisch auch quer in das Buch einsteigen: **Du musst dir nicht alles durchlesen, sondern kannst gleich zum gewünschten Kapitel gehen.** Auch innerhalb der Kapitel kannst du weiterblättern. Wenn du zum Beispiel die Software schon längst auf deinem Rechner hast, schaust du dir einfach meine Tipps zu den Räumlichkeiten an. Oder wenn es dir nur um bestimmte Bearbeitungsmöglichkeiten mit bestimmten Effekten in Audacity geht, blätterst du einfach zu den Kapiteln »Die Postproduktion«.

Die Kapitel zum Aufnehmen und zur Postproduktion habe ich unterteilt, weil sie sehr lang und sehr ausführlich sind. Sie sind so ein bisschen übersichtlicher. Genauso habe ich es auch mit den Podcast-Kapiteln gemacht.

Du kannst auch einfach immer mal wieder ein bisschen im Buch herumblättern, um auf neue Ideen zu kommen, die du dann umsetzt. So mache ich das oft mit anderen Büchern, ich lasse mich dadurch inspirieren. Und manchmal sind bestimmte Informationen für mich erst beim dritten oder vierten Mal lesen interessant, wenn ich inzwischen andere Sachen gelernt habe, und diese Informationen dann gut gebrauchen kann.

Das Buch ist schließlich auch noch ein gutes Nachschlagewerk und ein kleines Lexikon. Das Inhaltsverzeichnis hilft dir, schnell die benötigten Informationen zu finden, und im Kapitel »Wichtige Wörter« erkläre ich dir alle Fachbegriffe, die ich im Buch benutze. Manche Stellen oder Begriffe im Buch finde ich besonders wichtig, die habe ich dann **fett** markiert.

Wenn ich in diesem Buch »mit dir spreche« oder über andere Menschen rede, benutze ich immer die männliche Form, also »Hörspielmacher«, »Sprecher«, »deine Freunde« und so weiter. Das habe ich aus Gründen der Übersichtlichkeit und der Lesbarkeit so gemacht. Aber ich meine damit natürlich immer auch dich als Hörspielmacherin, dich als Sprecherin, deine Freundinnen und so weiter. Ich hoffe, du ärgerst dich darüber nicht.

Über die Symbole, die ich in diesem Buch verwende

An vielen Stellen im Buch tauchen kleine Symbole auf, sie bedeuten Folgendes:

Bei der Zielscheibe findest du wertvolle Hinweise, die dir die Arbeit erleichtern.

Beim Warndreieck ist deine erhöhte Aufmerksamkeit gefordert. Ich weise dich damit zum Beispiel auf typische Fehler bei der Arbeit hin.

Mit dem Elefanten erinnere ich dich an Stellen im Buch, in denen ich bestimmte Dinge schon mal erwähnt habe. Da lohnt sich das Zurückblättern.

Beim Roboter findest du Hintergrundwissen, meistens technische Erklärungen für den Spezialisten in dir.

Und außerdem noch …

Bei deiner Audioproduktion kannst du oft ganz alleine arbeiten. Aber natürlich macht es auch sehr viel Spaß, mit anderen Menschen im Team zu arbeiten. Oft kommen einem erst in der Gruppe die besten Einfälle. Ihr könnt zusammen Ideen ausspinnen, euch gegenseitig anstacheln, Kritik äußern, Mut machen.

Ihr könnt euch die Arbeit aufteilen und euch auch immer wieder abwechseln. Teilweise könnt ihr sogar gleichzeitig arbeiten – es gibt genug zu tun: schreiben, sprechen, Sprecher aufnehmen, Interviews führen, Außenaufnahmen machen, Geräusche und Musik suchen oder selbst machen, schneiden, mischen und immer wieder mit frischen Ohren hören, hören, hören! In einigen Situationen kann es auch sehr hilfreich sein, einen extra Tontechniker zu haben, der sich ausschließlich um die Aufnahmequalität kümmert.

Und nicht zuletzt machen viele verschiedene Sprecher ein Hörspiel oder einen Podcast oft erst so richtig hörenswert!

Höre dir auch immer wieder deine Lieblingshörspiele und Lieblingspodcasts an, um von den Profis zu lernen. Höre sie unter verschiedenen Gesichtspunkten an: Wie lang sind sie? Gibt es einen Erzähler, und wie viele Sprecher gibt es? Wie setzen sie die Geräusche und die Musik ein? Wie fangen die Szenen und Episoden an und wie hören sie auf?

Probiere immer wieder selbst aus. Ich bin oft erst durch das Rumspielen mit der Software oder dem Equipment auf neue Ideen gekommen und habe manchmal dann erst gemerkt, welche Ideen in mir stecken.

Du wirst merken, dass deine Ohren »immer größer werden«, dass du immer mehr spannende Details hörst, die du früher gar nicht wahrgenommen hast. Und das nicht nur im Hörspiel und Podcast – irgendwann wirst du bestimmt mit viel spitzeren Ohren durch die Gegend gehen und Dinge hören, von denen die anderen Menschen gar keine Ahnung haben!

Schließlich kannst du dieses Buch auch gerne deinen Lehrern empfehlen und sie anregen, auch mal ein Hörspiel oder einen Podcast im Schulunterricht oder in einer AG zu produzieren.

Auf meiner Homepage kannst du ein bisschen rumklicken, wenn du neue Ideen brauchst und dich ein bisschen inspirieren lassen willst. Du kannst dir auch einfach das eine oder andere Hörspiel anhören, das ich im Laufe der Jahre mit Kindern und Jugendlichen produziert habe: www.hoerspielemitjungenmenschen.de.

Und jetzt wünsche ich dir viel Spaß in deinem neuen Leben als stolzer Hörspielmacher oder Podcast-Produzent!

Kapitel 1
Story und Skript für dein Hörspiel

Spannend muss sie sein oder lustig oder herzzerreißend traurig oder alles zusammen. Kurz: Sie muss deine Zuhörer in den Bann ziehen – die Geschichte für dein Hörspiel. Als Erstes brauchst du eine gute Idee für dein Hörspiel. Es gibt die verschiedensten Geschichten – oder Stories –, und es gibt die verschiedensten Arten, deine Zuhörer diese Geschichten miterleben zu lassen. Hier im ersten Kapitel findest du einige Tipps und Anregungen, wie du eine Geschichte erfinden und wie du sie aufschreiben kannst.

Wenn du ganz ungeduldig bist und sofort mit Audacity loslegen willst, anstatt erst eine tolle, ausgereifte Story zu erfinden, kannst du auch ein paar Seiten weiterblättern in diesem Kapitel. Unter »Minihörspiele als Übungsmaterial für Audacity« findest du ein paar Tipps, wie du innerhalb kurzer Zeit eine ganz kleine Geschichte erfindest, mit der du Audacity gleich ausprobieren kannst. Manchmal kommen einem die besten Ideen nämlich erst beim Machen!

Ideensammlung

Eine gute Story fällt nicht einfach vom Himmel. Und du musst auch nicht denken, dass nur andere Menschen eine gute Geschichte erfinden können – du kannst es auch! Hier möchte ich dir einige allererste Schritte auf dem Weg zu deiner Story vorstellen.

Brainstorm

Vielleicht fängst du mal mit einem »Brainstorm« an. Das ist Englisch und bedeutet, dass du ohne weitere Überlegungen und Erklärungen aufschreibst, wovon dein Hörspiel handeln soll. In so einem Brainstorm solltest du möglichst spontan »dein Gehirn erstürmen«. Es kann wirklich sehr ungeordnet sein. Auswählen, sortieren, kommentieren kannst du später. Mit mehreren Leuten zusammen macht das oft noch mehr Spaß. Ihr kommt vielleicht auf Ideen, die dir alleine nie eingefallen wären.

Schreibt alle Ideen auf einzelne Zettel und legt sie auf dem Boden aus. So habt ihr einen besseren Überblick und könnt sie später bequem sortieren.

Oder erstmal für einen Stil entscheiden

Du könntest aber auch als Erstes eine Liste davon machen, welche Film-, Buch- oder Hörspielstile es so gibt, also welche Arten oder Gattungen (oder auch **Genres**) von Geschichten. Das kann dir helfen, eine Idee zu finden, weil du oft schon im Hinterkopf ganz automatisch weißt, was in dieser oder jener Art von Geschichte normalerweise so alles passiert: In einem Krimi gibt es einen Detektiv und einen Bösewicht, in einer Romanze ein verliebtes Paar und so weiter.

Genres sind beispielsweise:

- Krimi oder Thriller
- Action
- Romanze
- Fantasy
- Science-Fiction
- Horror
- Dokumentarhörspiel

» Hörbuch

» und noch viel mehr

Überlege dir gut, welches Genre du mit deinen Möglichkeiten in einem Hörspiel umsetzen kannst. Generell geht alles, dafür gibt es genügend Beispiele. Manche Genres bieten sich aber vielleicht eher für einen Film an als für ein Hörspiel.

Und natürlich kannst du auch verschiedene Genres zusammenmixen: eine romantische Komödie, eine Tragikomödie, ein Action-Krimi …

Lieblingsgeschichten unter die Lupe nehmen

Erinnere dich an die Geschichten, die du am liebsten gelesen, gesehen oder gehört hast. Beschreibe einfach mal, was dir daran besonders gefallen hat. Waren es die Hauptdarsteller oder **Charaktere**? Die Spannung? Die witzige Sprache? Die Rätsel und Geheimnisse, die du selbst lösen musstest? Waren die Geschichten lang oder kurz? Gab es mehrere Teile oder waren es vielleicht Fortsetzungsgeschichten?

Was war noch wichtig? Schreibe die Antworten wieder auf einzelne Zettel. Vielleicht fallen dir Gemeinsamkeiten in den verschiedenen Geschichten auf, die du auf dein Hörspiel übertragen kannst. Auch die Untersuchung von Lieblingsgeschichten macht oft mehr Spaß, wenn ihr mehrere Personen seid und alle eure Ideen einbringt und vergleicht.

Eine Gedanken-Übung: Erzähl doch mal die eine oder andere Lieblingsgeschichte ganz ohne Namen und Orte, ohne weitere ausschmückende Informationen. Also in etwa: »Ein Junge verliebt sich in ein Mädchen in einer kleinen Stadt. Das Mädchen zieht mit ihrer Familie weg in die nächste große Stadt.« Wenn ihr mehrere Personen seid, könntet ihr auch ein Spiel daraus machen: Einer erzählt eine bekannte Geschichte auf diese Art, und die anderen müssen raten, um welches Buch oder welchen Film es sich in Wirklichkeit handelt. Mit so einer Übung oder so einem Spiel legt ihr das Gerüst der Geschichte frei. Und dieses Gerüst könnt ihr nach Belieben ausschmücken und so eure eigene Geschichte spinnen.

Welche Form soll dein Hörspiel haben?

Es kann dir bei der Story-Findung auch helfen, wenn du dir zuerst Gedanken über die Form deines Hörspiels machst.

» Soll es ein **Kurzhörspiel** werden, das nur ein paar Minuten lang ist? Oder eine Sammlung von Kurzhörspielen, so wie du es vielleicht aus Büchern mit Kurzgeschichten kennst?

» Oder ein **langes Hörspiel**, mit mehreren Szenen und Musik dazwischen? Vielleicht soll es sogar ein Mehrteiler werden? Oder der Anfang einer Serie von Hörspielen mit den gleichen Personen, beispielsweise wie bei »Die drei ???«?

» Hat das Hörspiel ein **offenes Ende**, das den Zuhörer zum Weiterdenken anregt?

» Oder ein **Happy End**, bei dem sich alles in Wohlgefallen auflöst und Hauptfiguren und Zuhörer glücklich und zufrieden sind?

Dramaturgie oder Spannungsbogen

Ich erzähle dir eine kleine Geschichte: »Sonja wachte auf. Sie frühstückte und ging dann zur Schule. In der Schule schrieb sie eine Mathearbeit, die sie super bestanden hat. In der großen Pause unterhielt sie sich mit ihren Freundinnen. Nach der Schule ging sie nach Hause, machte ihre Hausaufgaben und chattete noch ein bisschen mit Max. Dann aß sie Abendbrot, putzte sich die Zähne, ging ins Bett und schlief ein.«

Das ist zwar eine Geschichte, aber sie ist nicht besonders spannend. Sonja erlebt zwar so einiges an ihrem Tag, aber eine wichtige Sache fehlt der Geschichte – ein Problem! Oder vielleicht sogar mehrere Probleme. Ein Problem, das gelöst werden muss, schafft Spannung in einer Geschichte. Würze die Geschichte doch mal mit Problemen.

»Als Sonja heute morgen aufwachte und auf den Wecker schaute, traute sie ihren Augen kaum: sie hatte verschlafen! Warum hatte sie niemand geweckt, ihre Mutter war doch sonst immer so hinterher?! Sie ging verschlafen und verwundert in die Küche runter, wo sie auch niemanden entdeckte. Langsam wurde ihr etwas mulmig zumute, aber da es schon spät war, rannte sie ohne Frühstück aus dem Haus. Als sie aus dem Schulbus ausstieg, merkte sie, dass ihr dort jemand den Schulranzen geklaut haben musste. Und da waren doch die Spickzettel für die Mathearbeit heute drin. Auf dem restlichen Weg knurrte ihr wie verrückt der Magen, aber ihr Portemonnaie mit dem Essensgeld war ja auch im Ranzen! Sie überlegte, wie sie jetzt am besten an ein bisschen Geld rankommen könnte, um den Vormittag zu überstehen. Da kam ihr eine Idee…«

Und so weiter. Verschlafen, keiner zu Hause, Verwirrung, Verspätung, Hunger, Mathearbeit … Zugegebenermaßen sind das ein bisschen viele Probleme auf einmal und vielleicht ein bisschen übertrieben. Aber vielleicht ein guter Anfang zu einer Geschichte, bei der Sonja viele Probleme lösen muss. In der zweiten Version passieren lauter Dinge, die Sonja von ihrem eigentlichen Plan abbringen. Es entstehen unerwartete neue Situationen, die spannend werden können.

Dramaturgie ist also die Kunst, eine spannende Geschichte zu erfinden und aufzuschreiben. Üblicherweise kommen in einer spannenden Geschichte oft folgende Figuren, Konstellationen oder Probleme vor:

» Die **Hauptfigur**, oder auch **Protagonist**. Die Figur, deren Leben und Sichtweise im Vordergrund steht. Mit ihr fiebert der Zuhörer mit. In unserem Fall wäre das also Sonja.

» Der **Gegenspieler**, oder auch **Antagonist**. Hier vielleicht der Schulranzen-Dieb – wird sie ihm auf die Schliche kommen?

  Nicht immer muss der Gegenspieler der Bösewicht sein. Es gibt auch Geschichten, in denen die Hauptfigur der Bösewicht ist. Beispielsweise in einer Geschichte über besonders geschickte Bankräuber.

  Der Zuhörer kann aber auch mit dem Bösewicht »umgekehrt mitfiebern«. Er möchte zum Beispiel, dass der Bösewicht seine gerechte Strafe erhält.

» **Wichtige Nebenfiguren** (zum Beispiel Sonjas verschwundene Mutter). Sie haben meist ein eigenes Leben und eine eigene Geschichte, wenn auch nur am Rande.

» **Unwichtige Nebenfiguren**. Die machen die Geschichte lebendig und liefern ein paar Informationen für die Geschichte und über die Hauptfiguren. Sie kommen aber nur ganz am Rande vor (das könnte vielleicht der Fahrer von Sonjas Schulbus sein).

Als Ausgangspunkt für eine Geschichte kannst du auch folgende Ideen nutzen:

» Die Hauptfigur und der Gegenspieler haben ein Problem miteinander, sie tragen einen Konflikt aus, der sich im Laufe der Geschichte auflöst. Oder er löst sich nicht auf, dann hast du ein offenes Ende. Und den Beginn einer Fortsetzung!

» Die Hauptfigur hat etwas Großes vor, beispielsweise einen Bankraub oder eine Entdeckungsreise. Es stellen sich ihr aber immer wieder Schwierigkeiten in den Weg.

- Ein Problem kann aber buchstäblich auch aus heiterem Himmel kommen. Beispielsweise eine Wetterkatastrophe, ein Tornado, eine Riesenflut, ein Erdbeben. Sicherlich kennst du die eine oder andere Geschichte, in der der Protagonist solche Probleme lösen muss.
- Oder es gibt Probleme aus dem Bereich der Fantasy und der Wissenschaft: riesige, wild gewordene Tiere, Dinosaurier, ein schief gelaufenes Experiment, Außerirdische …
- Auch andere, unvorhergesehene Ereignisse können eine Entwicklung in Gang setzen. Das müssen nicht immer negative Ereignisse sein: der Gewinn einer Lotterie, die Geburt eines Kindes, eine Erbschaft. Oder eben ein Unfall, ein Verlust, ein Missgeschick …
- Vielleicht hat die Hauptfigur aber auch ein Problem mit sich selbst, sie hat widersprüchliche Gefühle bei einem Vorhaben. Sie überfällt eine Bank, aber plötzlich kommen ihr Zweifel, weil sie ja auch das Geld der ärmeren Menschen klaut. Sie hat ein schlechtes Gewissen und muss dieses innere Problem irgendwie lösen: Wie kann sie das Geld unbemerkt zurückbringen?!
- Und natürlich kannst du auch mehrere dieser Ausgangspunkte zusammenwürfeln und einen ganz eigenen Problem-Mix erfinden!

Berg- und Talfahrt, in drei Akten

Vielleicht ist sie dir beim Lesen, Hören oder Angucken einer Geschichte schon einmal begegnet: eine Hauptfigur, die für jedes Problem sofort immer eine Lösung hat. Sie gerät nie in wirkliche Schwierigkeiten, weiß immer alles besser und alles prallt an ihr buchstäblich ab. Das kann auf Dauer ganz schön nervig sein. Aber vor allem ist es langweilig!

Viele gute Geschichten ähneln einer Art Berg- und Talfahrt. Die Hauptfigur hat ein Problem und kann es lösen. Der Zuhörer fiebert mit und ist erstmal erleichtert. Aber schon wartet das nächstgrößere Problem auf unseren Helden: das noch größere Monster, der noch kompliziertere Tresor in der Bank. Jetzt wird alles gleich viel anstrengender, die Hauptfigur gerät richtig ins Schwitzen. Aber auch diese Hürde wird genommen – von der Hauptfigur und vom Zuhörer. Und schließlich die allerletzte, allergrößte Herausforderung: Dem Helden stellen sich fast unlösbare Probleme, er muss sich richtig ins Zeug legen. Horden von

Monstern, ein ausgeklügeltes, unüberwindliches Sicherheitssystem in der Bank. Aber unter Aufbietung aller seiner Kräfte, mit der Hilfe seiner Komplizen und mit dem letzten bisschen Energie schafft er es doch noch. Er hat das Monster in die Flucht geschlagen oder die Bank geknackt. Held und Zuhörer sind erschöpft, aber glücklich! So einen Story-Verlauf kann man auch als Spannungstreppe bezeichnen, auf der man immer höher steigt.

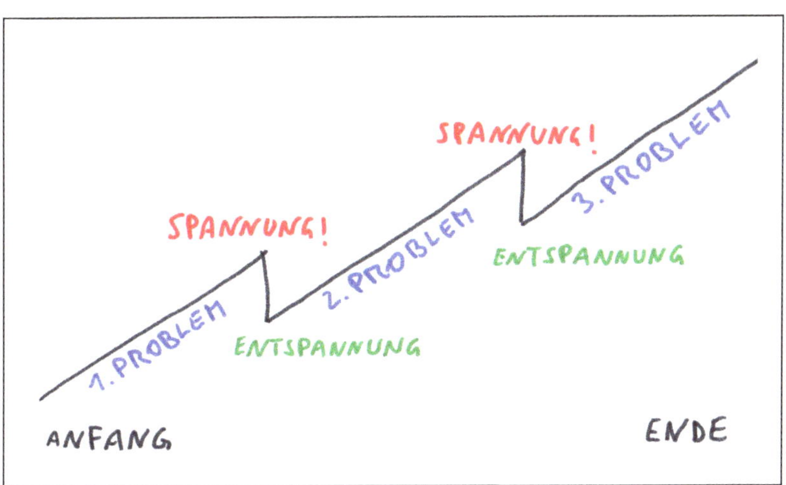

Oft wird das auch »Geschichte in drei Akten« genannt. Gerade im Film ist das sehr verbreitet. Wenn du mal bei einem Film – am besten einen, den du schon kennst, damit du nicht abgelenkt bist – nur auf die Spannungstreppe oder den Spannungsbogen achtest, wird dir dieser Aufbau mit ziemlicher Sicherheit wiederbegegnen. Und vielleicht kannst du die Treppe ja auch für deine Hörspielgeschichte nutzen.

Du brauchst dir beim Story-Erfinden und auch später beim Schreiben nicht den Kopf darüber zu zerbrechen, ob du überhaupt genug Sprecher für sämtliche Rollen findest. Mit Audacity und deinem Equipment kannst du ganz unabhängig von Zeit und Ort auch schnell mal einen Sprecher nebenbei aufnehmen, der vielleicht nur einen einzigen Einsatz im ganzen Hörspiel hat. Außerdem kannst du mit Audacity im Nachhinein Stimmen verfremden, sodass der Zuhörer sie nicht mehr wiedererkennt. Du kannst also ruhig Rollen und Dialoge erfinden, ohne dich gleich schon um die spätere Umsetzung kümmern zu müssen. Erst einmal zählen nur die packende Story und gute realistische Dialoge!

Lockerungsübungen fürs Gehirn

Wenn du das Gefühl hast, dass dir absolut nichts einfällt und dein Gehirn eingerostet ist, kannst du es auch mal mit ein paar Improvisationsübungen probieren. Suche dir Freunde oder Familienmitglieder zusammen, und erfinde gemeinsam mit ihnen eine spontane Geschichte. Der Witz dabei: Jede Person sagt immer nur ein einziges Wort. Eine Person fängt mit dem ersten Wort an, die zweite Person sagt ein zweites Wort, das dazu passt. Und die dritte Person ein drittes Wort (beispielsweise: »Ich – ging – heute – morgen – zur – Arbeit …«). Und immer so weiter, bis ein ganzer Satz entsteht. Dann ein zweiter, ein dritter – und schließlich eine ganze Geschichte. Achtet dabei darauf, dass die Worte und Sätze wirklich stimmen und zueinander passen. Diese Geschichte wird sehr merkwürdig werden. Aber die Übung kann wie eine kleine Massage fürs Gehirn wirken und es wieder besser funktionieren lassen.

Eine Weiterentwicklung dieser Übung: Jede Person sagt nicht nur ein Wort, sondern einen ganzen Satz oder vielleicht sogar mehrere Sätze.

Andere Möglichkeiten der Story-Findung

Vielleicht ist dir die Hürde bis zu einer eigenen tollen Story am Anfang zu hoch, und du bist schon ganz ungeduldig, endlich mit den Aufnahmen anzufangen. Dann helfe ich dir noch mit ein paar anderen Ideen zur Story-Findung auf die Sprünge.

Eine Geschichte verfremden

Du kannst auch eine bekannte Geschichte verfremden oder **adaptieren**. In einem meiner Workshops mit Kindern habe ich mal auf diese Art eine neue Geschichte »erfunden«. Kommt sie dir bekannt vor?

Holger und Gerda

Erzähler: In einem Reihenhaus am großen Park wohnte ein Tischler mit seiner zweiten Frau und seinen beiden Kindern aus erster Ehe: sein Sohn hieß Holger und seine Tochter Gerda. Der Tischler war arbeitslos und bekam Hartz IV. Er konnte sich nicht gerade das beste Essen leisten, weil alle Lebensmittel immer teurer wurden. Eigentlich konnte er sich bald gar kein Essen mehr leisten. Das machte ihn total fertig, und abends beim Fernsehen sagte er zu seiner Frau:
Vater *[verzweifelt]*: Du, Schatz, was soll nur aus uns werden? Wir können den Kindern überhaupt nichts mehr zu essen kaufen.
Frau *[genervt]*: Wenn das das einzige Problem wäre... die neueste Playstation und das iPhone 11 können wir ihnen auch nicht schenken. Das ist voll peinlich!
Vater *[entsetzt]*: Das ist doch nicht so wichtig, das Essen ist viel wichtiger!
Frau: Ja, ja. Wir können deinen Gören doch einfach sagen, dass wir zu Saturn gehen, um ihnen was Tolles zu kaufen. Dabei müssen wir doch durch den großen Park, und da setzen wir sie einfach aus. So doof wie die sind, finden sie bestimmt nicht wieder nach Hause. Dann sind wir zwei hungrige Mäuler los.
Vater: Spinnst du, das sind vielleicht nicht deine eigenen Kinder, aber das kannst du doch nicht machen. Nachher werden die noch weggefangen oder so. Ich liebe meine Kinder.
Mutter: Ist jedenfalls besser, als wenn wir alle verhungern.
Erzähler: Holger und Gerda hatten alles heimlich mit angehört, als sie in der Küche nach was Essbarem suchen wollten.
Gerda *[ängstlich]*: Krass, hast du das gehört. Unsere eigenen Eltern...
Holger: Ja, man. Aber keine Angst, ich denke mir schon was aus... *[zu sich selbst]*. Es gibt doch diese App von Googlemaps, die lade ich mir jetzt runter, und damit finden wir immer den Weg zurück. Die läuft bestimmt auch noch auf meinem alten iPhone.

Genau, wir haben das Märchen »Hänsel und Gretel« benutzt und in die heutige Zeit versetzt. Du kannst auch zusätzliche Rollen erfinden, einen Erzähler einfügen und dir auch einen ganz eigenen Schluss ausdenken.

Eine Geschichte zum Hörspiel umschreiben

Auf ähnliche Art und Weise kannst du auch jede andere Geschichte zu einem Hörspiel umschreiben. Du musst sie gar nicht unbedingt inhaltlich verändern, so wie bei dem Märchen. Nimm dir dein Lieblingsbuch oder deine Lieblingsgeschichte vor und schreibe sie in Form eines Hörspiels auf. Schau dir das Beispielskript im Abschnitt »Das Skript selber« an. Dort siehst du, wie so eine Geschichte im Endzustand aussehen kann.

Eine Geschichte aus deinem Leben

Vielleicht hast du Lust, an einer Geschichte aus deinem eigenen Leben zu arbeiten. Oder dein Leben gleich ganz neu zu erfinden: Wie sähe dein perfektes Leben aus, und was würde darin passieren? Wärst du reich und würdest in einem riesigen Haus leben mit vielen Zimmern und Dienern, die dir das Frühstück ans Bett bringen? Würde es die Schule noch geben? Würdest du in der Zukunft leben mit Maschinen und Robotern, die dir lästige Arbeiten abnehmen? Wärst du ein Raumfahrer? Oder ein Forscher, der Erfindungen macht, die die Welt verändern?

Stell dir vor, wie die Menschen, die du kennst, sich in diesem neuen Leben verhalten würden. Was machen sie in dieser Geschichte? Welche Probleme und Konflikte ergeben sich?

Fertige Hörspielskripts vertonen

Wenn es dir eher darum geht, ein Hörspiel aufzunehmen, zu schneiden und in der **Postproduktion** mit Geräuschen, Effekten und Musik zusammenzubasteln, kannst du dir auch ein fertiges Hörspielskript besorgen. Im Internet findest du bestimmt etwas, zum Beispiel gibt es bei www.auditorix.de einige kurze Skripts zum Downloaden.

Frag auch in der Bücherei nach fertigen Hörspielskripts oder lass dir von deinem Deutschlehrer helfen.

Minihörspiele als Übungsmaterial für Audacity

Es gibt so einige Tricks und einiges an Hilfsmaterial, mit denen du in sehr kurzer Zeit ein Minihörspiel erfinden kannst. Dann kannst du gleich mit Audacity loslegen. Solche Minihörspiele – oder Miniaturen – sind auch prima geeignet, um mehrmals den ganzen Ablauf einer Hörspielproduktion durchzuspielen. Übung macht den Meister!

1 Story-Cubes

Story-Cubes sind Würfel mit verschiedenen Bildern auf jeder Seite, zum Beispiel ein Schlüssel, ein Handy, ein Tier oder Theatermasken.

Du kannst dir dazu eigene Spielregeln ausdenken: Du würfelst mit mehreren Würfeln, legst eine Reihenfolge der Bilder fest und schreibst eine kurze Geschichte auf, in der alle Bilder vorkommen. Oder mehrere Personen werfen je einen Würfel und spinnen die Geschichte nach und nach fort (ähnlich wie im Kasten »Lockerungsübungen fürs Gehirn« in diesem Kapitel). Die Story-Cubes gibt es in verschiedenen Ausgaben: klassisch, Reisen, Aktionen. Die kannst du auch miteinander kombinieren. Lass dir noch mehr Spielregeln einfallen!

2 Karteikarten

Lass dir von anderen Personen (beispielsweise von deinen Eltern) Zettel oder Karteikarten in drei verschiedenen Farben vorbereiten. Auf die Zettel in der ersten Farbe schreiben deine Eltern immer genau eine Person. Das kann eine Person aus dem echten Leben sein oder aus einem Buch oder einem Film. Auf die Zettel in der zweiten Farbe kommt ein Ort und auf die Zettel in der dritten Farbe eine Situation oder ein Ereignis.

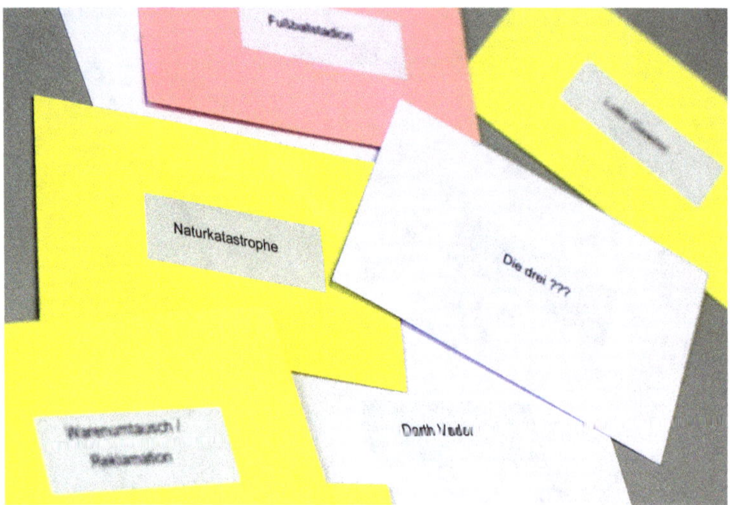

Die Karten werden umgedreht, denn du darfst erstmal nicht wissen, was draufsteht. Dann ziehst du von jeder Farbe eine Karte und erfindest dazu passend eine kurze Story mit ein paar kurzen Dialogen. Da kommen manchmal die lustigsten und ungewöhnlichsten Geschichten bei raus. Hebe die Karten für andere Gelegenheiten auf.

3 Witze

Witze eignen sich auch sehr gut als Übungsmaterial, sie sind oft kurz und schön knackig. Achte darauf, dass mehrere Personen darin vorkommen. Du kannst den Witz auch noch ausschmücken, sodass eine richtige kleine Geschichte entsteht. Überlege dir zum Beispiel, wo der Witz spielt, und erfinde passende Textstellen dazu. Schmücke die Dialoge aus, sodass deine Zuhörer sich die Personen im Witz gut vorstellen können.

4 Geräusche-Bild

Du könntest auch ganz ohne Worte anfangen. Überlege dir eine ganz einfache Situation, beispielsweise wie jemand einen Apfel isst. Schmücke diese Situation ein bisschen aus und stell dir vor, welche Geräusche du hörst: Die Person kommt in die Küche (Tür, Radiomusik), sie holt ein Messer und einen Teller (Schublade, Schranktür). Dann holt sie den Apfel (Papiertüte), setzt sich hin (Stuhl, Tisch) und schält den Apfel (Messer). Schließlich beißt sie herzhaft hinein und kaut und schmatzt genüsslich. Dann stöhnt sie zufrieden (Kauen und Schmatzen). Vielleicht muss sie danach rülpsen? Sie verlässt die Küche (Tür, Radiomusik aus).

Nimm alle Geräusche in Audacity auf, schneide und sortiere sie und bastel sie zu einem Geräusche-Bild zusammen. Lass deine Eltern und Freunde erraten, was stattgefunden hat.

Fange immer erst einmal klein an. Setz dich nicht zu sehr unter Druck, gleich am Anfang die perfekte Story schreiben zu müssen. Berücksichtige meine Tipps, aber brüte nicht ewig über der Story, bevor du anfängst zu schreiben. Meiner Erfahrung nach wird man mit jeder Sache, die man macht, besser. Aber nur dadurch, dass man sie auch wirklich macht! Mit jedem Hörspiel wirst du bessere Tricks kennenlernen und genauer wissen, was alles möglich ist: beim Schreiben, beim Aufnehmen, in der Postproduktion.

In Szenen einteilen

Wenn du deine Geschichte hast, solltest du sie in Stichworten aufschreiben (wenn du es nicht schon längst gemacht hast). Dazu brauchst du wirklich nur den groben Handlungsverlauf: Wie fängt sie an, was passiert im Laufe der Geschichte, welche Personen sind beteiligt, welche Probleme müssen sie lösen, wie hört die Geschichte auf?

Danach teilst du sie am besten in Szenen ein. Achte darauf, dass jede Szene einen sinnvollen Anfang und ein sinnvolles Ende hat. Der Zuhörer sollte sofort wissen, wo er sich am Anfang der Szene befindet. Im Film gibt es einen sogenannten **Establishing Shot** an fast jedem Szenenanfang: Ein Krankenwagen fährt vor die Notaufnahme eines Krankenhauses, dann Schnitt auf eine Uhr und ins Behandlungszimmer. Oder ein Gerichtsgebäude von außen, Richter mit Aktentaschen unter den Armen laufen hinein, dann Schnitt ins Büro des Staatsanwalts. Solche Szenenanfänge gibt es ganz oft. Wie kannst du das auf deine Hörspielszenen übertragen? Du kannst einen Erzähler den Ort, die Uhrzeit und die Personen beschreiben lassen. Du kannst aber auch eine passende Geräuschkulisse aufbauen, im Falle des Krankenhauses beispielsweise: hektisches Laufen, ein Arzt wird über Lautsprecher ausgerufen, ein Notfall wird angemeldet, Piepsen von Maschinen. Dazu erzähle ich später noch mehr, unter der Überschrift »Mit Geräuschen Informationen liefern«.

Das Ende einer Szene kannst du mit einem sogenannten **Cliffhanger** spannend gestalten. Stell dir das ganz bildlich vor: Nachdem dein Held bei seiner Bergbesteigung schon fast am Gipfel angekommen ist und sein lang ersehntes Ziel erreicht hat, kommt er noch mal an eine sehr schwierige Stelle und rutscht auf dem Geröll ab. Er strauchelt, fällt und kann sich gerade noch retten – jetzt hängt er nur noch mit einer Hand über dem Abgrund und deine Zuhörer können die Spannung kaum noch ertragen. Und Schnitt! Die Szene ist erst einmal zu Ende, und schlimmstenfalls kommt jetzt Werbung. Oder es folgt eben eine andere, vielleicht sogar vollkommen ruhige Szene als kurzer Einschub.

Rufe dir noch mal das Treppenmodell in Erinnerung, das ich weiter vorne im Kapitel beschrieben habe. Das funktioniert auch für einzelne Szenen: Die Spannung wird so lange aufgebaut, bis sie fast nicht mehr zu ertragen ist. Dann kommt eine kurze Entspannung, bis deine Zuhörer auf der nächsthöheren Spannungsstufe wieder gepackt werden und mit dem Helden weiter mitfiebern können. Sie werden hin und her gerissen. Dein Hörspiel »nimmt sie mit« im buchstäblichen Sinn und hält sie gefangen!

Der Trick ist die **Dynamik** einer Szene und der ganzen Geschichte. Dynamik ist die Abwechslung zwischen Spannung und Entspannung, zwischen schnell und langsam, zwischen viel und wenig, zwischen laut und leise. Achte auf dieses Wechselspiel – und zwar sowohl innerhalb einer Szene als auch für mehrere Szenen hintereinander.

Die Szenen müssen übrigens nicht immer gleich lang sein, es kann auch mal eine sehr kurze Szene zwischendrin auftauchen. Oder du teilst eine lange Szene in zwei Unterszenen auf.

Schreiben fürs Hören

Nimm dir für jede Szene einen großen Zettel, auf den du die Stichpunkte für diese Szene noch einmal überträgst. Setz dich an den Computer, die Schreibarbeit beginnt!

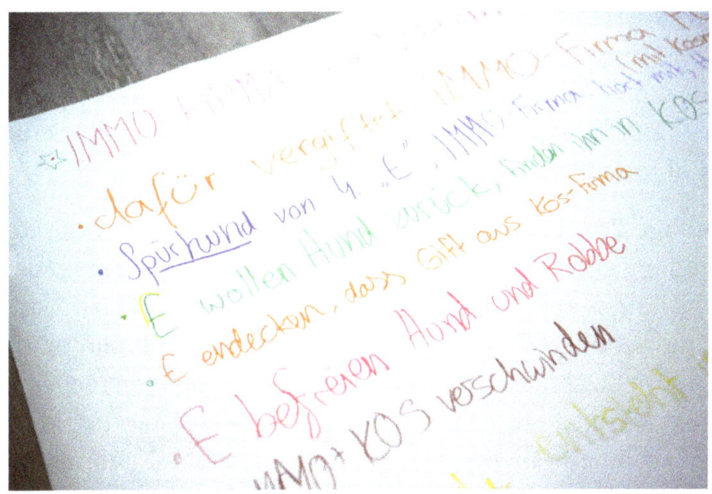

Es ist nicht dasselbe, ob du ein Buch, einen Film oder eben ein Hörspiel schreibst. Hier ein paar Überlegungen, die dir beim Schreiben helfen können:

» Überlege dir zuerst, ob du für dein Hörspiel einen **Erzähler** brauchst oder lieber darauf verzichten willst. Er kann viele Informationen vermitteln und dafür sorgen, dass deine Zuhörer deiner Story immer gut folgen können. Andererseits könnte es aber auch schnell langweilig werden, wenn ein Erzähler deinen Zuhörern alles »vorkaut«. Vielleicht schränkt das sogar ihre Fantasie und ihr Mitfiebern ein. Es könnte viel spannender und mitreißender sein, wenn deine Zuhörer sich selbst ein eigenes Bild im Kopf machen müssen. Höre dir ein paar Hörspiele an und achte darauf, ob es einen Erzähler gibt und wie viel er erzählt. Im nächsten Abschnitt beschreibe ich noch, wie du deinen Zuhörern alle benötigten Informationen vermitteln kannst, ohne dass ein Erzähler ins Spiel kommt.

» **Schreibe eher kurze und einfache Sätze**. Wenn du in einem Buch einen Satz nicht gleich verstanden hast, weil er zu lang oder zu verschachtelt ist, hast du immer die Möglichkeit, noch einmal zurückzublättern, um den Satzanfang wiederzufinden. Zwar könntest du eine CD auch zurückspulen, aber das reißt dich sehr aus der Spannung und macht auf Dauer keinen Spaß.

» **Wiederhole geschickt ab und zu wichtige Informationen**, besonders wenn du ein längeres Hörspiel schreibst. Wenn die Tante der Hauptfigur nur ganz am Anfang und dann erst wieder am Ende auftaucht, kann die Hauptfigur sie beispielsweise mit »Hallo, Tante Tina!« anstatt nur mit »Hallo!« begrüßen (so wie man es im echten Leben eher machen würde). Es könnte passieren, dass deine Zuhörer bis dahin schon längst vergessen haben, wer Tina ist und erst darüber nachdenken müssen. Dann haben sie vielleicht schon wieder einige andere wichtige Sätze verpasst. Wenn du deinen Deutschlehrer beeindrucken willst: Der Fachausdruck für solche Wiederholungen ist **Redundanz**.

» Achte auf die **Continuity** zwischen den Szenen. Das ist Englisch für »Kontinuität« oder vielleicht »Zusammenhang« und bedeutet, dass das Ende einer Szene immer auch zu dem Anfang der nächsten Szene passt. Es sollten keine Informationen doppelt vorkommen und noch schlimmer: Es sollten keine Informationen fehlen, die deine Zuhörer zum Verständnis brauchen. Wenn zum Beispiel eine Szene an einem anderen Tag oder noch später beginnt, musst du irgendwie dafür sorgen, dass deine Zuhörer das auch verstehen (beispielsweise durch die Datums- und Zeitansage im Radio der Hauptfigur; oder eben durch einen Erzähler: »Zwei Tage später …«).

Ein paar hilfreiche Fragen dazu: Haben die Rollen immer die gleichen Namen? Duzen oder siezen sie sich immer oder wechselt das aus Versehen ab? Woher hat der Hauptdarsteller diese oder jene Information, kann das überhaupt sein? Und so weiter.

Besonders wenn ihr zu mehreren an einem Hörspiel arbeitet und das Schreiben der Szenen untereinander aufteilt, solltet ihr gut darauf achten, dass alles zusammenpasst. Manchmal merkt man das erst bei der Aufnahme oder noch ungünstiger: bei der Postproduktion.

Wie lieferst du Informationen?

Rufe dir immer wieder ins Gedächtnis, dass deine Zuhörer im Hörspiel nichts sehen. Du musst dir also überlegen, wie du die wichtigen Informationen in deinem Hörspiel auf andere Art und Weise liefern kannst.

» Die einfachste Lösung ist ein **Erzähler**. Immer wenn neue Informationen ins Spiel kommen, könnte er sie einfach nennen: den Ort, die Zeit, die handelnden Personen, die Stimmung der Personen und so weiter. Er kann die Szenen einleiten, er kann aber auch immer wieder zwischendurch auftauchen.

Hör dir wieder ein paar deiner Lieblingshörspiele an, und achte darauf, ob sie einen Erzähler haben und wann er zu Wort kommt. Achte auch darauf, was er sagt und wie lange er redet. Was gefällt dir daran, was gefällt dir eher nicht?

» Die Stimmung einer Person kannst du gut durch einen **inneren Monolog** darstellen. Das ist wie ein Selbstgespräch, das die Person mit sich führt, nur dass deine Zuhörer mithören können. Die Person könnte beispielsweise Sachen sagen wie: »Mann, war das eine lange Nacht, ich bin hundemüde …« oder »Mist, Bus verpasst, und das bei dieser wichtigen Verabredung!«

  Aber auch viele andere Informationen lassen sich so vermitteln, beispielsweise das Aussehen einer Person (»Also, das Rot von dem neuen Kleid steht mir wirklich gut …«) oder ihre Handlungen und Pläne (»Ein Glück, dass das mit dem Auto geklappt hat. So brauche ich mir über die Flucht nach dem Bankraub keine Sorgen zu machen.«).

» Die Stimmung und den Charakter einer Person kannst du auch hervorragend durch die **Interpretation** eines Textes deutlich machen: Ist eine Person streng, schüchtern, verspielt, angeberisch? Oder ist sie gerade in Eile, verwirrt, erleichtert, euphorisch, traurig?

» **Andere Personen** können Informationen beisteuern, zum Beispiel im Dialog mit deinem Hauptdarsteller (»Was ist denn mit dir los? Du wirkst ja ganz nervös!«) oder im Gespräch miteinander (»Hast du gesehen, was der für eine teure Uhr trägt?!«).

» Eine Mischung aus einer anderen Person und einem Erzähler könnte auch ein **Nachrichtensprecher** im Radio sein. Er kann erzählen, was gerade passiert oder passiert ist. Er könnte außerdem auch noch Zeit und Ort ansagen: »Willkommen zu den 20-Uhr-Nachrichten für den heutigen Mittwoch. Gestern Abend kam es in Berlin …«.

» Oder du lässt eine Person einen **Zeitungsartikel oder einen Brief** vorlesen, der alle benötigten Informationen für diesen Teil der Handlung enthält.

» In der Postproduktion kannst du mithilfe von verschiedenen **Klang-Effekten** beispielsweise auch Räume gestalten: Für eine Szene in einer Kirche benutzt du viel Nachhall. Für die Berge schaltest du ein Echo ein. Und wenn zwei Personen miteinander telefonieren, kannst du eine Stimme so verfremden, als käme sie aus dem Telefonhörer. Auch eine Lautsprecheransage am Bahnhof kannst du so herstellen. Den inneren Monolog kannst du auch mit einem Hall-Effekt anreichern, so wie du es vielleicht schon aus einem Film kennst. Der Zuhörer »befindet sich im Kopf« des Sprechers.

Mit Geräuschen Informationen liefern

Die Geräusche sind nicht nur dafür da, die Szenen echt wirken zu lassen und dein Hörspiel spannend zu machen. Sie eignen sich auch hervorragend dazu, deine Zuhörer mit Informationen zu versorgen. Da kannst du mit Audacity zu ganz großer Form auflaufen! Du kannst beispielsweise eine ganze **Geräusche-Atmo** aufbauen, die deinen Zuhörern sofort klar macht, wo sie sich befinden: die Hintergrund-Radiomusik, das Geschirrklappern, Stühlerücken, die Kaffeemaschine in einem Café oder in einer Bar. Oder der einfahrende Zug, die unverständlichen Lautsprecherdurchsagen, das Öffnen und Schließen von Türen, die schnellen Schritte von verspäteten Fahrgästen, der Pfiff des Schaffners auf einem Bahnhof.

Du kannst auch einzelne Geräusche oder eine Kombination von Geräuschen benutzen, die für eine bestimmte Situation stehen: Ein Wecker tickt und klingelt, es ist morgens. Oder die Kirchturmuhr läutet und zeigt damit eine bestimmte Uhrzeit an. Oder durch eine knarrende Tür wird deutlich, dass es sich um ein altes, vielleicht unheimliches Gebäude handelt. Oder das unkommentierte Klicken von Handschellen am Ende deines Hörspiels, mit dem gesagt wird: Der Bösewicht ist gefasst!

Erinnere dich an die »Minihörspiele als Übungsmaterial für Audacity« ein paar Seiten vorher. Da habe ich dir ein Geräusche-Bild vorgestellt. Denke in diese Richtung weiter und lass dich davon für dein richtiges Hörspiel inspirieren.

Die Dialoge

Ein Dialog ist ein Gespräch zwischen zwei oder noch mehr Personen. Im Gegensatz zum Erzähler sprechen deine Figuren also direkt miteinander. Sie sprechen in wörtlicher Rede, sozusagen in Anführungszeichen. Die Dialoge sind ein sehr wichtiges Mittel, um dein Hörspiel echt, lebendig und spannend zu machen. Sie entscheiden darüber, ob deine Zuhörer sich in deine Figuren hineinversetzen können und mit ihnen mitfiebern, sich mit ihnen freuen, mit ihnen traurig sind. Oder ob sie erleichtert sind, wenn alles gut ausgegangen ist.

Aber auch die Bösewichte in deinem Hörspiel müssen gute Dialoge haben. Deine Zuhörer sollen sich zusammen mit der Hauptfigur richtig vor ihnen fürchten, sie abgrundtief blöd finden und ihnen schließlich ihre Niederlage so richtig gönnen. Und dafür müssen auch die Bösewichter echt erscheinen. Man muss ihnen ihre bösen Absichten so richtig glauben können.

Kurz: Deine Zuhörer müssen alle Figuren mit ihrem inneren Auge vor sich sehen. Die Dialoge sind in deinem Hörspiel die wichtigste Zutat dafür.

Das – zugegebenermaßen sehr schwierige – Zauberwort und Fachwort dafür heißt **Authentizität**. Wenn du es flüssig aussprechen kannst, kannst du deine Familie und Freunde sehr beeindrucken! Ich benutze lieber einfach das Wort »Glaubwürdigkeit«, das bedeutet ungefähr das Gleiche. Es geht also darum, dass die Figuren in deinem Hörspiel echt und glaubwürdig sprechen.

Stell dir die Figuren genau vor. Schauspieler in einem Film denken sich manchmal ein ganzes Leben für ihre Figur aus, um sie glaubwürdig spielen zu können. Hier ein paar Fragen, die du dir stellen kannst:

» Wie sieht die Figur aus? Wie bewegt sie sich?

» Mit welchen anderen Menschen hat sie sonst so zu tun?

» Auf welcher Schule war sie? Hat sie studiert oder eine Lehre gemacht? Oder hat sie gar keine Ausbildung?

» Was hat sie in ihrem Leben erlebt?

» Kennst du eine bestimmte Person aus deinem Umfeld, die so ähnlich ist, wie die Figur sein soll? Beobachte und »belausche« diese Person einmal: Wie spricht sie? Was benutzt sie für Wörter? Redet sie viel oder wenig? Lange Sätze oder kurze Sätze? Spricht sie eher blumig und verspielt oder eher klar und direkt?

Wenn du über diese Fragen nachgedacht hast, kannst du einen Dialog für deine Szene schreiben. **Stell dir immer vor, dass es sich bei deinen Figuren um echte, lebendige Menschen handelt. Es sind keine Vorleser, die einen Text ablesen.** Vielleicht sprechen sie nicht immer in ganzen Sätzen, oder sie wiederholen sich aus Versehen und benutzen immer die gleichen Wörter.

Es kann sein, dass dir diese Art zu schreiben am Anfang ziemlich komisch und vielleicht sogar falsch vorkommt. Lies dir die Sätze nach dem Schreiben immer laut vor. Dann wirst du dich schnell daran gewöhnen und ein Gespür dafür entwickeln, wie du »für das Hören schreibst«. Und nur durch das laute Vorlesen kannst du wirklich hören, ob deine Dialoge gut, glaubwürdig und lebendig klingen!

Wenn du einen Dialog für eine Szene geschrieben hast, kannst du dir als kleine Hilfe immer eine Überprüfungsfrage stellen: Würde SO eine Person DIESE Sache SO sagen?

Improvisationen sind eine andere gute Möglichkeit, lebendige und glaubwürdige Dialoge zu erfinden. Stell dir mit den späteren Sprechern zusammen die Situation vor, um die es geht. Zum Beispiel die Vorbereitung eines Banküberfalls. Jeder Sprecher versetzt sich jetzt ganz in seine Rolle und sagt nur noch, was ihm in so einer Situation einfallen würde. Ohne groß zu überlegen und einfach drauflos. Das könnte im ersten Moment vielleicht ein bisschen ungeordnet und durcheinander wirken. Aber auf diese Weise entschlüpfen euch vielleicht Wörter und Sätze, die ihr mit zu viel Nachdenken gar nicht aufschreiben würdet, weil sie euch zu einfach erscheinen. Manchmal sind das aber genau die glaubwürdigen (also die authentischen) Dialoge!

Spielt nicht eine komplette Szene durch, das wäre viel zu anstrengend. Benutzt die Improvisationen für einzelne Situationen und Dialoge. Und wenn ihr vorher jedem Sprecher schon eine Charaktereigenschaft zuweist (»der Schlaue«, »der Dumme«, »der Ängstliche« und so weiter), fällt ihm die Improvisation bestimmt leichter.

Du kannst die Aufnahmefunktion deines Computers oder deines Smartphones benutzen, um die Improvisationen mitzuschneiden. So kannst du dir später die Aufnahmen in Ruhe anhören, um daraus Dialoge zu entwickeln.

Du kannst auch deine »eigene Mischung« zum Dialoge-Schreiben benutzen. Zum einen schreibst du einfach drauflos und hast vielleicht schon ausreichend Ideen. Dann wird alles genau nach deinen Vorstellungen. An Stellen, an denen du nicht weiterkommst, rufst du deine Sprecher zusammen, ihr improvisiert ein bisschen und du schreibst danach die Dialoge weiter. Nach so einer Improvisationsphase hast du vielleicht auch so einiges Neues übers Dialoge-Schreiben gelernt. Vielleicht kommst du über die nächste Hürde ganz alleine rüber.

Improvisationshörspiel

Du könntest auch ein Hörspiel machen, bei dem das Skript komplett aus Improvisationen besteht. Auch dafür gibt es beim Film viele Vorbilder. Grundsätzlich gehst du dabei sehr ähnlich vor: Ihr besprecht die Situation oder die Szene und jeder stellt sich genau seinen Charakter vor. Dabei kann es sehr helfen, wenn ihr euch in der richtigen Reihenfolge aufschreibt, was alles gesagt werden soll (also welche Informationen die Zuhörer bekommen sollen). Das ist dann ein **Stichwortskript**.

Dann richtet ihr die Aufnahmetechnik ein, wie ich es weiter hinten im Buch im Kapitel »Erste Aufnahmen« erkläre, macht einen kurzen Soundcheck und legt mit der Improvisation und der Aufnahme los. Dabei entsteht oft eine ganz besondere, sehr lebendige Stimmung, die die Zuhörer meistens sehr gut miterleben können. Nicht immer kommt exakt das raus, was ihr euch im Einzelnen vorgestellt habt und ihr solltet gut überlegen, ob euch diese besondere Stimmung wirklich gefällt.

Macht mehrere Aufnahmen von der Situation oder der Szene und entscheidet, welche Aufnahme alle nötigen Informationen enthält und welche euch am besten gefällt. Oder schneidet in Audacity mehrere Aufnahmen zu einer Gesamtaufnahme zusammen. Das erkläre ich weiter hinten in den Kapiteln zur Postproduktion.

Vorspann *und* **Abspann**: *Damit dein Hörspiel einen passenden und tollen Rahmen bekommt, und damit auch alle Zuhörer wissen, wer sich diese ganze Arbeit gemacht hat, solltest du auch einen Vorspann und einen Abspann schreiben und aufnehmen. Genauso wie im Film könntest du am Anfang den Titel erwähnen, und am Ende alle beteiligten Autoren, Sprecher, Geräuschemacher, Postproduzenten aufzählen. Erwähne auch den Zeitraum und den Ort, in dem dein Hörspiel entstanden ist. So hast du immer eine schöne Erinnerung daran, und kannst deine verschiedenen Hörspiele im Laufe der Zeit miteinander vergleichen.*

Das Skript selber

Wenn du ein langes Hörspiel geschrieben hast, mit vielen Szenen und vielen Sprechern, rate ich dir, ein wirklich gutes Skript zu erstellen. Damit meine ich die Blätter, auf denen du deine Geschichte aufschreibst. Du wirst eine ganze Zeit damit arbeiten und brauchst es nicht nur bei den Aufnahmen, sondern auch später bei der Postproduktion. Von daher lohnt es sich, richtig Mühe darauf zu verwenden.

Name: ____________

Flüchtlinge auf der Flucht – SZENE 01

[HINTERGRUNDMUSIK AUS DEM RADIO]
[FRÜHSTÜCKSGERÄUSCHE]

LILO *[besorgt]*: Sicher, dass es eine gute Idee ist, einen Flüchtling aufzunehmen?
JULIA *[sicher]*: Natürlich! Damit helfen wir doch den Flüchtlingen.
MUTTER *[besorgt]*: Bella, Ella ihr kommt zu spät zur Schule! Ihr wollt doch später das Flüchtlingskind kennenlernen.
JULIA/LILO: Wir kommen! *[SCHRITTE]*
ERZÄHLER: Als sie fertig mit der Schule waren, sahen sie ein fremdes Mädchen auf der Bordsteinkante sitzen. Sie schaute sich das Haus verwundert an.
JASMIN *[unsicher]*: Hallo, ich heiße Isabella und komme aus Damaskus, das ist die Hauptstadt von Sibirien. Ich musste flüchten, denn es herrschte Krieg. Ihr habt ein wirklich schönes Haus. Meins war eine kleine Holzhütte mit einer Plastikplane.
JULIA: Komm! Wir gehen nach oben. Mutter erwartet dich bestimmt schon.
LILO: Mama, das Flüchtlingskind ist angekommen.
MUTTER: Oh wie toll. Ich hoffe, du bist gut angekommen. Ich habe ein Zimmer für dich vorbereitet. Jetzt gibt es Abendbrot, aber danach ab ins Bett!
ERZÄHLER: Drei Tage später erwartete sie eine böse Überraschung.
[TÜRKLINGEL]
LILO: Mama, es hat geklingelt.
MAMA: Ich geh schon!
POLIZEI *[laut]*: Polizei! Aufmachen!
MAMA *[flüstert]*: Kinder, die Polizei ist da. Versteckt euch.

Flüchtlinge auf der Flucht – Szene 01 / Seite 1

Ich gehe davon aus, dass du schon mal mit irgendeinem Schreibprogramm (wie zum Beispiel »Word«) gearbeitet hast und dich ein bisschen damit auskennst. Dann empfehle ich dir nämlich, dein ganzes Skript auf dem Computer zu schreiben. Oder du tippst deine handschriftlichen Notizen zwischendurch mal ab. Du kannst es in einem Schreibprogramm anlegen und bequem und sinnvoll formatieren. So kannst du schnell Änderungen vornehmen, ohne alles noch mal neu schreiben zu müssen. Und es bleibt trotz der Änderungen immer übersichtlich.

Hier einige Tipps zum Skript:

- Benutze eine Schriftgröße, die du gut lesen kannst.
- Lass einen Abstand zwischen den Zeilen, damit jeder Sprecher schnell Notizen oder Änderungen machen kann.
- Schreibe die Szenennummer, die Seitenzahl und den Namen des Sprechers auf jede Seite.
- Benutze für jeden neuen Einsatz eines Sprechers eine neue Zeile. Unterstreiche jeden Sprecher oder schreibe ihn fett.
- Trage auch die Geräusche mit ein (zum Beispiel in eckigen Klammern). Auch die Musikeinsätze, wenn du schon welche geplant hast.
- Schreib hinein, wenn ein Sprecher auf eine bestimmte Art sprechen soll (zum Beispiel »besorgt« oder »flüsternd«). Das nennt man **Regieanweisungen**. Am besten schreibst du sie immer direkt nach dem Sprechernamen in Klammern hinein.
- Schreibe auch Lacher, Räuspern, Zögern, Naseschnauben und so weiter mit hinein. So erinnern sich die Sprecher daran, und können auch dafür die Interpretation und das Timing üben.
- Wahrscheinlich machst du im Laufe der Zeit viele handschriftliche Änderungen und Überarbeitungen. Mach dir lieber einmal die Mühe, und übertrage ab und zu alles neu in den Computer. So hast du wieder ein übersichtliches Skript (und eine schöne Erinnerung an deine Arbeit!).
- Mach genügend Ausdrucke, damit jeder Sprecher sein eigenes Skript hat. Dann kann jeder noch seine eigenen Notizen reinschreiben. Wenn du einen extra Tontechniker hast, sollte er auch ein Skript bekommen.
- Ein Skript für ein Improvisationshörspiel sieht natürlich ein bisschen anders aus.

Mit fast jedem Schreibprogramm kann man die Buchstaben und Wörter in einem Textdokument zählen. Damit kannst du ein bisschen besser einschätzen, wie viel du schreiben musst, wenn dein Hörspiel eine bestimmte Länge haben soll. Eine Szene mit 1.300 Buchstaben und Leerzeichen ist ungefähr zwei Minuten lang. Das ist aber wirklich nur ein ganz grober Anhaltspunkt. Wenn du dir im Laufe deiner Hörspielmacherkarriere immer wieder aufschreibst, wie viele Zeichen ein Text hatte und wie lang die dazugehörige Aufnahme geworden ist, kriegst du ein ganz gutes Gefühl dafür, wie viele Minuten der Text ergibt.

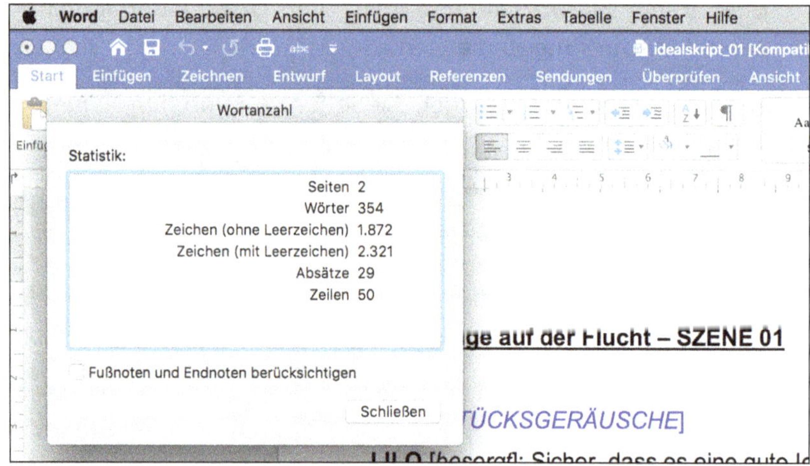

Auswahl der Sprecher

Überlege dir, welche Personen aus deinem Freundeskreis zu den Rollen in deinem Hörspiel passen könnten. Achte zum Beispiel darauf, ob sie hohe oder tiefe Stimmen haben, ob sie noch sehr kindlich und jung klingen oder ob du sie auch für erwachsene Rollen einsetzen kannst. Und natürlich, ob sie Jungen oder Mädchen sind, wenn sie männliche oder weibliche Rollen sprechen sollen (obwohl man das als Zuhörer in manchen Fällen gar nicht unterscheiden kann).

Du kannst dir sogar einzelne Personen überlegen, die vielleicht nur einen einzigen Satz in deinem ganzen Hörspiel sprechen sollen, beispielsweise ein Verkäufer in einem Laden oder eine Bedienung in einem Restaurant. Wenn dir jemand mit der perfekten Stimme für diesen oder jenen Satz vorschwebt, klemmst du dir einfach deinen Laptop und dein USB-Mikrofon unter den Arm und machst einen kurzen »Aufnahme-Besuch«. Hinterher kannst du nämlich solche einzelnen Aufnahmen ganz bequem in Audacity zusammenschneiden. Wenn du einen Handheld-Rekorder hast, geht das noch viel bequemer.

Kennst du vielleicht eine Person mit einem ausländischen Akzent, den du für eine bestimmte Rolle einsetzen kannst? Oder mit einem lustigen Dialekt? Oder mit einer anderen Besonderheit beim Sprechen, zum Beispiel ein leichtes, charmantes Lispeln? Je vielfältiger die Stimmen und Sprecher sind, desto unterhaltsamer ist auch dein Hörspiel. Und desto einfacher können deine Zuhörer auch die verschiedenen Rollen auseinanderhalten.

Du kannst die Stimmen auch nachträglich in Audacity verändern. Du kannst sie tiefer oder höher, langsamer oder schneller klingen lassen. Aber wenn du schon von Anfang an verschiedene Sprecher zur Verfügung hast, umso besser.

Leseproben

Du hast eine tolle Geschichte erfunden, aufgeschrieben und das perfekte Skript vorliegen? Und du hast schon alle Sprecher für dein Hörspiel zusammen? Jetzt geht es ans Proben! Auch die Schauspieler in einem Film treffen sich vorher meist zu Proben, in denen sie sich in der Gruppe mit dem Text beschäftigen. Das sind sogenannte Leseproben oder **Table Readings**.

Ich empfehle dir, diese Proben in mehrere Schritte einzuteilen.

1 **Gemeinsames Lesen. Lest eure Texte für eine Szene mit verteilten Rollen.**

Achtet darauf, dass der Inhalt wirklich stimmt, dass alles logisch ist und dass die Dialoge und die Sprecher gut zusammenpassen. So lernen alle die ganze Geschichte kennen.

2 **Anpassen. Prüft, ob es Stellen gibt, die ein Sprecher nicht gut sprechen kann, weil er selbst so niemals sprechen würde. Oder ob es Stellen gibt, die zu lang, zu kurz oder zu kompliziert sind.**

Das findest du erst heraus, wenn die Sprecher deinen Text interpretieren. Sei offen für ihre Vorschläge. Manchmal haben die Sprecher gute Ideen, weil sie sich schon in ihre Rolle eingefunden haben.

3 **Erweckt den Text zum Leben. Baut Stöhnen, Räuspern, Gähnen, Schmatzen und so weiter an passender Stelle mit ein.**

Überlegt auch, ob es Stellen gibt, an denen sich die Rollencharaktere beispielsweise ins Wort fallen oder sich kurz mit einem »Ja, genau« oder ähnlichen Einwürfen ergänzen. Auch wenn sie noch nicht im Skript stehen, lassen solche Tricks eine Szene oft viel lebendiger erscheinen.

Notiert alle Änderungen handschriftlich ins Skript. Wenn es zu viele werden, schreibt sie lieber am Computer dazu und druckt das Skript neu aus.

4 **Macht eine weitere Leseprobe, in der ihr die ganzen Änderungen berücksichtigt.**

Achtet jetzt hauptsächlich auf die Interpretation: Sprechen alle mit den passenden Gefühlen, mit dem richtigen Ausdruck? Mit den richtigen Betonungen? In der richtigen Geschwindigkeit? Wenn es anstrengend wird und irgendwann vielleicht ein bisschen nervt, macht eine Pause und probt später weiter. Wenn es an einer bestimmten Stelle nicht klappt oder wenn ihr noch nicht die richtige Stimmung getroffen habt, nehmt euch diese Stelle einzeln vor. Probt so lange, bis ihr das Gefühl habt, für die erste Aufnahme bereit zu sein.

Übrigens: Anders als bei einem Film braucht ihr eure Texte nicht auswendig zu lernen. Großer Vorteil! Manchmal kann es auch einfacher sein, das richtige Gefühl und die richtige Stimmung zu treffen, wenn ihr euch an eurem Text »festhalten« könnt!

Kapitel 2

Podcast – Was ist das und wie geht das?!

Langweilt dich das Radioprogramm, das du überall zu hören bekommst? Immer die gleiche Musik, Reportagen, Nachrichten, Sportberichte? Dann mach dir doch dein eigenes Programm, mit einem Podcast! In diesem Kapitel möchte ich dir erstmal zeigen, was ein Podcast ist, was du so alles darin unterbringen könntest und wie du die Inhalte für deine einzelnen Podcast-Folgen herstellen kannst.

Was ist ein Podcast?

Man könnte sagen, ein Podcast ist ein »Radio ohne feste Sendezeiten«. Mit den einzelnen Folgen oder Beiträgen eines Podcast kannst du dir dein eigenes Radioprogramm zusammenstellen. Vielleicht kennst du auch die »Mediatheken« auf den Internetseiten der Fernseh- und Radiosender. Dort kannst du viele Sendungen, die bereits gelaufen sind, noch einmal anhören, entweder gestreamt oder zum Downloaden.

So ähnlich soll schließlich auch dein Podcast funktionieren. Er ist deine persönliche Audio-Homepage. Du produzierst nach und nach verschiedene Folgen oder Beiträge (zum Beispiel auch Hörspiele) und stellst sie auf deinem Podcast bereit. Dann können deine Hörer zu deinem Podcast gehen, und sie sich dort anhören oder downloaden.

»Podcast« ist ein neu erfundenes Wort. Es setzt sich zusammen aus dem englischen Wort »broadcasting« (»senden, ausstrahlen« und »Sendung«) und dem Namen des mp3-Abspielgeräts »iPod«. Man könnte also sagen, es ist ein Sendeformat, das überall gehört werden kann und soll, also zum Beispiel auch unterwegs, und nicht nur zu Hause.

Aber eigentlich gibt es keine offizielle, allgemeingültige Definition für einen Podcast. Für mich sind folgende Eigenschaften typisch für einen Podcast:

» Im Gegensatz zu einem Hörspiel geht es bei einem Podcast weniger um eine abgeschlossene, frei erfundene Geschichte (Story). Er ist eigentlich mehr eine Mischung aus Interview, Reportage, Erfahrungsbericht, Diskussion und Meinungsäußerung **zu bestimmten Themen und Inhalten**. Oft sind das dann Gespräche mit einem oder mehreren Experten, zum Beispiel Journalisten, Wissenschaftler, Schriftsteller, Musiker oder Politiker.

» Viele Podcasts haben **ein übergeordnetes Hauptthema**, das in mehreren Episoden unter verschiedenen Gesichtspunkten immer wieder besprochen wird. Das könnten zum Beispiel Themen sein wie »Aus der Welt der Wissenschaft« oder »Berühmte Persönlichkeiten«. Dieser Punkt kommt dir vielleicht bekannt vor aus verschiedenen Buchreihen wie zum Beispiel »Was ist was«.

» Die meisten Podcasts bestehen nicht nur aus einem einzigen Audiobeitrag, sondern sind eher **eine ganze Reihe**, die sich regelmäßig über mehrere Beiträge und mehrere Wochen oder Monate fortsetzt. Das Fremdwort dafür ist **Kontinuität**.

» Podcasts sind oft auch **sehr ähnlich aufgebaut**, und man erkennt sie beim Hören schnell wieder: Sie haben vielleicht eine Erkennungsmusik, sind immer ähnlich lang und haben immer die gleichen Moderatoren. Manchmal besteht ein Beitrag auch aus mehreren Teilen, wenn es sich um ein schwieriges oder spannendes Thema handelt.

» Viele Podcasts drehen sich auch um mehr oder weniger **aktuelle Themen**. Im Gegensatz zu einem gedruckten Buch oder einer Fernsehsendung kannst du einen Podcast relativ schnell produzieren. So kannst du immer wieder aktuelle Themen in deinen Podcast einbauen. Aber davon musst du dich nicht einschränken lassen, berichte immer am besten darüber, was du selbst spannend findest.

» Schließlich – aber das weißt du sicherlich längst – findet ein Podcast immer **im Internet** statt. Und meistens kann man ihn auch **abonnieren**, das bedeutet, man kann sich »Bescheid sagen lassen«, wenn jemand eine neue Folge produziert hat und du sie im Internet hören kannst.

Diese Punkte müssen natürlich nicht alle immer erfüllt sein. Sie können aber als Leitfaden für die Arbeit an deinem Podcast ganz hilfreich sein. Lass deiner Fantasie freien Lauf und fang an, mit deinen eigenen Ideen zu arbeiten.

Meiner Erfahrung nach bekommt man richtig gute Ideen und Erkenntnisse oft auch, indem man sich direkt und aktiv mit einer Sache beschäftigt. Es ist aber auch sehr hilfreich, wenn du dir viele verschiedene Podcasts anhörst und herauszufinden versuchst, warum du den einen lieber hörst als einen anderen.

Planen und Machen

Dein Podcast ist also keine frei erfundene Story, die du dir vorher ausgedacht und aufgeschrieben hast. Du müsstest dir also einen anderen Inhalt dafür ausdenken.

Wahrscheinlich kennst du erstmal keine berühmten Wissenschaftler, Sportler, Politiker oder Schauspieler, die du interviewen kannst – aber jeder hat mal klein angefangen! Denk doch mal über ein Thema nach, das dich interessiert, und überlege dir dann, wen du dazu befragen könntest. Gibt es Freunde, Eltern, Lehrer, die spannende Antworten geben können…?

Ich möchte mit dir mal die Planung und Produktion eines Podcast an einem Beispiel durchspielen. Als übergeordnetes Hauptthema des gesamten Podcast schlage ich hier mal das Thema **»Meine Freizeit«** vor. Auch wenn dir dieses Thema auf den ersten Blick nicht so zusagen sollte, kannst du die grundsätzlichen Gedanken und Arbeitsschritte doch auch auf dein eigenes Thema anwenden.

Das Thema einer einzelnen Folge könnte dann **»Computerspiele«** sein. Du könntest diese Folge zum Beispiel so aufbauen:

1. **Vorstellung des Podcast.**

   Hier erzählst du erst einmal über den gesamten Podcast: Wie heißt er? Was hat dich auf die Idee dazu gebracht? Wer bist du? Worüber sprichst du in den einzelnen Folgen?

2. **Vorstellung der aktuellen Folge.**

   Worum geht es heute (Computerspiele)? Vielleicht könntest du sogar einen kleinen geschichtlichen Überblick über die Entwicklung der Computerspiele geben: Wann und wo wurde das erste Computerspiel erfunden? Was für verschiedene Arten von Computerspielen gibt es so? Das könntest du auf verschiedene Art herauskriegen, also recherchieren. Dazu sage ich dir weiter hinten im Buch noch etwas.

3. **Vorstellung des Gesprächspartners.**

   Wer ist dein Gast und warum hast du gerade ihn ausgewählt? Warum ist gerade er ein Experte für dieses Thema? Vielleicht kannst du hier ja auch anmerken, dass manchmal junge Menschen in deinem Alter bei bestimmten Themen die viel besseren Experten sein können als Erwachsene!

4. **Das Gespräch oder Interview.**

   Das ist der Hauptteil deiner Podcast-Folge. Hier geht es jetzt um die konkreten Inhalte und Gedanken zum Thema »Computerspiele«.

5. **Abschluss.**

   Versuche, einen guten Abschluss für deine Podcast-Folge zu finden. Du könntest eine letzte Frage stellen, die vielleicht gar nichts direkt mit dem Thema zu tun hat, und die du allen Gästen auch in den weiteren Folgen stellst. Du kannst deinen Gast auch nochmal kurz vorstellen und zusammenfassen, was euer Thema war. Schließlich kannst du auch noch deine nächste Folge ankündigen, wenn du sie schon produziert hast.

Überlege dir gut, wie lang eine einzelne Episode deines Podcast sein soll. Einerseits solltest du ja genug Zeit haben, um über dein Thema umfassend zu sprechen und deine Gäste ausreichend zu Wort kommen zu lassen. Andererseits habe ich auch viele Podcast-Beiträge gehört, die ich leider viel zu lang und auch zu langweilig fand. Die Beiträge waren nicht gut geplant, die Leute dort haben einfach »drauflosgequatscht«. Für sie selbst war das vielleicht lustig, ich als fremder Hörer hatte dann aber eher das Gefühl, dass ich ein privates Gespräch belauschen würde. Versuche also möglichst immer daran zu denken, dass du deinen Podcast ja für Menschen machst, die sich für dein Thema interessieren und sicherlich ein bisschen was darüber erfahren wollen. Vielleicht kannst du ein spannendes Thema dann auch mal über mehrere Folgen verteilen.

Ein Gespräch oder ein Interview führen

Ein Gespräch oder Interview sollte spannend, informativ und unterhaltsam für deine Hörer sein. Es kann ihnen Unbekanntes nahebringen, Bekanntes von einer unbekannten Seite aus darstellen, zu Diskussionen anregen, sie motivieren, ihnen Spaß machen und so einiges mehr.

Hier stelle ich dir ein paar Tipps und Rezepte vor, die dir helfen können, ein Gespräch oder Interview gut vorzubereiten und durchzuführen. Darunter sind auch einige Verhaltensweisen, die du lieber vermeiden solltest.

» **Frageleitfaden.** Das ist so eine Art Wegweiser, der dich selbst durch deine Podcast-Folge leitet. Hier schreibst du Fragen und Stichpunkte auf, die dich interessieren und die du auf keinen Fall vergessen willst. Gerade am Anfang deiner Karriere als Podcaster kann es vorkommen, dass du sehr nervös bist, und wichtige Fragen oder Themen einfach vergisst. Versuche, die Fragen so zu ordnen, dass sie thematisch zueinander passen, damit auch deine Hörer dem Thema gut folgen können. Bei mehreren Gästen kann es auch sein, dass du ihnen unterschiedliche Fragen stellen möchtest: Was sagen Kindern und Jugendliche zum Thema »Computerspiele«? Was sagen Eltern und Lehrer zu diesem Thema? So könnte der Anfang deines Frageleitfadens aussehen.

FRAGELEITFADEN FÜR MEIN INTERVIEW MIT______

1. Gesprächspartner
- Wer bist du (Name, Alter, welche Schule...)?
- Ich habe dich eingeladen, weil...
- ...

2. Du und dein Computerspiel
- Seit wann spielst du?
- Welche Computerspiele spielst du gerne? Warum?
- Welche nicht so gerne? Warum?
- Hast du einen eigenen Computer, Spielekonsole?
- Wie oft und wie lange spielst du?
- Mit wem spielst du?
- ...

3. Computerspiele im Allgemeinen
- Wie ist das, wenn du richtig „tief eintauchst"?
- Was fasziniert dich am Spielen?
- ...

4. Pro und Contra
- Hast du manchmal keine Lust zu spielen? Warum?
- Was sagen deine Eltern, deine Lehrer dazu?
- Hast du Freunde, die nicht spielen wollen oder dürfen?
- ...

» **Nachfragen.** Versuche, nicht zu streng nach deinem Frageleitfaden vorzugehen und die einzelnen Fragen einfach »runterzuspulen«. Wenn du eine Antwort nicht verstehst oder dein Gegenüber der Frage ausweicht oder die Frage nicht ausreichend beantwortet, kannst du auf jeden Fall nachfragen, bis du alles verstanden hast. Manchmal landet ihr auch automatisch bei einem neuen Thema, dass du vielleicht auch auf deiner Liste hast, dann ziehe deine Frage dazu vor. So springt das Gespräch nicht zu sehr.

» **Du fragst für deine Hörer.** Manchmal kann es vorkommen, dass du selbst einzelne Antworten zu einem Thema schon kennst, zum Beispiel weil du dich vorher schon genauer informiert hast. Deine Hörer kennen sich aber vielleicht noch nicht so gut aus und wollen ja gerade etwas Neues durch deinen Podcast kennenlernen. Versuche dir also vorzustellen, du wärst dein eigener neuer Hörer, der noch nichts über das Thema weiß, und denk darüber nach, ob wirklich alle notwendigen Informationen in deiner Podcast-Folge vorkommen.

» **Ausreden lassen.** *Achte darauf, dass du deinen Gesprächspartner immer ausreden lässt! Zum einen fühlt er sich sonst unhöflich behandelt, bekommt vielleicht schlechte Laune und wird immer weniger gesprächig. Zum anderen ist es aber sehr schwierig und manchmal sogar unmöglich, hinterher in der Postproduktion bestimmte Sätze so zusammenzuschneiden, dass deine Hörer sie richtig verstehen können. Mach am besten auch keine zustimmenden (»Ja, klar…«) oder ablehnenden (»Hmmm…«) Anmerkungen und Geräusche, während dein Gesprächspartner redet, die bereiten dir dann nämlich ähnliche Probleme.*

» **Offene Fragen.** Versuche immer, »offene Fragen« zu stellen! Das sind Fragen, auf die dein Gesprächspartner nicht so einfach nur mit »Ja«, »Nein«, »Gut« oder »Nicht so gut« antworten kann. Das kann schnell langweilig werden. Versuche, deinem Gegenüber mehr Informationen zu entlocken. Also lieber »Beschreib doch bitte mal, was dir an diesem Spiel besonders gefällt und was nicht« anstatt »Wie findest du dieses Spiel?«

» **Vermeide Suggestiv-Fragen.** Schwieriges Wort, ich weiß. »Suggerieren« heißt so viel wie »beeinflussen«. Damit sind Fragen gemeint, die deinen Gesprächspartner schon nahelegen, wie er antworten soll. Beispiele wären: »Findest du nicht auch, dass…?« oder auch: »Viele Experten sagen ja, dass… Was ist deine Meinung dazu?«. Er fühlt sich dann vielleicht in eine Richtung gedrängt und will sich nur noch verteidigen, anstatt wirklich auf deine Frage zu antworten.

» **Abschluss-Frage.** Vielleicht hast du in deinem Gespräch irgendeinen wichtigen Punkt vergessen, oder deinem Gesprächspartner liegt noch irgendetwas auf dem Herzen, das er gerne loswerden möchte. Wenn du ihn ganz am Ende zum Beispiel noch fragst: »Möchtest du noch irgendetwas zum Thema sagen?«, hat er die Möglichkeit, das noch zu ergänzen. Und vielleicht kommt auch ein gutes Schlusswort für deine Podcast-Folge dabei heraus.

Vielleicht weißt du ja schon längst, dass du Filmaufnahmen und Fotos von anderen Personen nicht einfach so für deine Zwecke benutzen und veröffentlichen darfst. Grundsätzlich hat jeder Mensch das Recht, selbst zu bestimmen, ob Fotos oder Filmaufnahmen von ihm veröffentlicht werden. Was du vielleicht noch nicht so genau wusstest: Das gilt genauso auch für Audioaufnahmen! Und besonders in den unkontrollierbaren Weiten des Internet solltest du als Podcaster auf Nummer Sicher gehen.

Frage also die Personen, die du aufnehmen willst, vorher um ihre Erlaubnis, wenn du Aufnahmen veröffentlichen willst. Wenn du es richtig ernst meinst und große Pläne mit deinem Podcast hast, kannst du dir auch ihre schriftliche Erlaubnis besorgen. Dann bist du immer auf der sicheren Seite. Viele weitere Informationen zum Thema Internet und Veröffentlichung findest du leicht verständlich geschrieben auch auf der Homepage www.klicksafe.de.

Die Recherche

Es kann vorkommen, dass du über ein Thema noch mehr wissen willst, bevor du dich an die Vorbereitung und Produktion deiner Podcast-Folge machst. Dann solltest du dich darüber informieren, man würde auch sagen **recherchieren** (»la recherche« kommt aus dem Französischen und heißt so viel wie »Nachforschung« oder »Suche«). Das kennst du ja sicherlich auch aus der Schule, wenn du zum Beispiel ein Referat über ein Thema halten sollst, über das du noch nicht so viel weißt.

Je nachdem, wen du dir als Gesprächspartner ausgesucht hast, kannst du vorher auch über ihn Informationen einholen, um ihn deinen Hörern vorzustellen und ihm später genauere Fragen stellen zu können. Das gefällt ihm sicherlich, er fühlt sich ernst genommen und ist dann bestimmt viel offener, deine Fragen ausführlich zu beantworten.

Heutzutage kann man ja sehr viel im Internet recherchieren. Als Erstes würde man da wahrscheinlich mithilfe einer Suchmaschine im Internet suchen oder zum Beispiel bei Wikipedia nachschauen. Das ist erstmal auch okay.

Fast jeder kann fast alles irgendwo ins Internet schreiben, deshalb sind diese Informationen nicht immer unbedingt richtig oder die Informationsquellen nicht immer unbedingt vertrauenswürdig. Ich würde dir also empfehlen, immer mehrere Quellen »anzuzapfen« und miteinander zu vergleichen. Auf jeden Fall solltest du immer auch die Quellen nennen, aus denen du dich informiert hast. Das nennt man ***Quellenangabe****.*

Eine weitere gute Möglichkeit ist natürlich die **Bücherei** vor Ort oder in deiner Schule, dort gibt es immer Mitarbeiter, die dir bei deiner Suche weiterhelfen können. Die Bücher in einer öffentlichen Bücherei sind meist schon ein bisschen vorsortiert und auf ihre Inhalte geprüft.

Manchmal bietet es sich auch an, bestimmte Fachleute zu fragen oder Einrichtungen ausfindig zu machen, die mehr über dein Thema wissen. Für unser Computerspiele-Thema gibt es in meiner Heimatstadt Berlin zum Beispiel das »Computerspiele-Museum«, in dem man viele Spiele vor Ort angucken und spielen kann, auch ganz alte. Dort kannst du auch alles über die Geschichte des Computerspiels erfahren.

Wenn du solche Einrichtungen besuchst und mit Fachleuten sprichst, kannst du diese Gespräche auch mit deinem Handy oder einem anderen Aufnahmegerät mitschneiden, und später als »Auflockerung« in deine Podcast-Folge einbauen.

Deinen Podcast noch interessanter machen

Hier möchte ich dir noch einige Tipps geben, mit denen du deinen Podcast noch ein bisschen »aufpeppen« kannst.

- **Jingle.** Neben einem Namen haben die allermeisten Podcasts auch eine Erkennungsmelodie, einen sogenannten »Jingle«. So bekommt dein Podcast seinen ganz eigenen akustischen Wiedererkennungswert. Wenn du Glück hast, setzt er sich bei deinen Hörern als Ohrwurm fest, und sie wollen nur noch deinen Podcast hören!

  Wenn du ein Musikinstrument spielst oder dich ein bisschen mit einem einfachen Musikprogramm wie »MusicMaker« oder »GarageBand« auskennst, kannst du mit einigen Mausklicks auch selbst Jingles herstellen.

Wenn du selbst kein Instrument spielst und dich auch nicht in andere Musikprogramme einarbeiten willst, kannst du natürlich auch musiktalentierte Freunde bitten, einen Jingle zu erfinden. Oder du bastelst dir mit Audacity einen Jingle nur aus Geräuschen und Soundeffekten. Die könntest du dann an den Anfang jeder Episode setzen.

- **Musik.** Wenn deine Podcast-Folgen doch ein bisschen länger geworden sind, könntest du einzelne Abschnitte auch mit Musik voneinander trennen. Damit kannst du deine Hörer auch zu einem neuen thematischen Abschnitt hinleiten. Besonders gelungen klingt das dann, wenn du eine Musik auswählst, die gut zur Stimmung deines Beitrags passt: ruhig oder aufwühlend, langsam oder schnell, nachdenklich oder lustig. Welche Musik du zum Beispiel aus dem Internet dafür verwenden kannst, beschreibe ich unter der Überschrift »Geräusche und Musik importieren« im Kapitel »Postproduktion: Effekte, Geräusche, Musik – fertig!«
- **O-Töne.** »O-Ton« ist das Kurzwort für »Originalton«. Das könnten zum Beispiel Schnipsel aus einem Experten-Interview sein oder aus einer kurzen Befragung von Menschen auf der Straße.
- **Atmos.** »Atmo« steht für »Atmosphäre«. Dabei kann es sich zum Beispiel um Geräusche aus einem Computerspiel oder das Stimmengewirr auf einer Games Convention handeln. Diese Geräusche könntest du dann als »Hintergrund-Atmo« in deinen Beitrag mischen, um ihn so lebendiger und aufregender zu gestalten. Das kann dann fast schon ein bisschen wie ein Hörspiel klingen.
- **Regelmäßigkeit.** Wenn du einen halbwegs regelmäßig erscheinenden Podcast produzieren willst, kann es ganz hilfreich sein, mehrere Folgen vorzuproduzieren. Die kannst du dann nach und nach ins Netz stellen. So hast du mehr Zeit, dir neue Inhalte für neue Folgen in Ruhe zu überlegen. Das müssen auch nicht immer fertig ausgearbeitete Sendungen sein, sondern können auch mal nur **Stichwort-Konzepte** sein, die du nach und nach sammelst und erst später ausarbeitest. Es muss auch nicht jede Woche ein neuer Podcast erscheinen, das Ganze soll ja nicht in Stress ausarten! Aber interessant wäre schon eine halbwegs regelmäßige Wiederkehr von Folgen, damit dein Podcast im Gedächtnis bleibt, und sich deine Hörer auf die jeweils nächste Folge freuen können.

Übrigens gibt es natürlich auch sehr viele Mischformen von Podcast und Hörspiel, zum Beispiel das ***Feature*** *(englisch, sprich: »fie-tschör«). Mir fällt keine wirklich brauchbare Übersetzung ins Deutsche dafür ein, aber du kannst es dir ungefähr vorstellen als »unterhaltsam gemachten Audiobericht, der sich aus Reportagen, O-Tönen, ausgedachten Dialogen, Musik und Geräuschen zusammensetzt«. Vielleicht auch als »Doku-Hörspiel«. Für so ein Feature kannst du dann auch einige Überlegungen, Techniken, Tipps und Tricks aus dem vorherigen Kapitel »Story und Skript für dein Hörspiel« berücksichtigen. Zum Beispiel die Spannungstreppe, das Schreiben fürs Hören, die Szenen-Einteilung und natürlich die sorgfältige Auswahl der Sprecher und die Leseproben.*

Das Angenehme mit dem Nützlichen verbinden – Podcast in der Schule

Hast du schon mal darüber nachgedacht, dass du deine Podcast-Leidenschaft auch »gewinnbringend« in der Schule einsetzen kannst? Ich habe schon mehrmals Hörspiele aufgenommen und Gedichte mit Schülern vertont, die sie dann als »Arbeitsnachweis« oder anstelle der regulären Hausaufgaben in der Schule vorweisen konnten. Und genauso könntest du es ja mal mit einem Podcast oder einer einzelnen deiner Podcast-Folgen probieren. Das solltest du aber vorher mit deinen Lehrern absprechen.

Oder du fragst deine Lehrer, ob sie nicht Lust hätten, an deiner Schule eine Arbeitsgruppe (AG) im Nachmittagsbereich einzurichten, in der du dann gemeinsam mit anderen Schülern einen Schul-Podcast produzierst. Vielleicht finden deine Lehrer diese Idee ja genauso interessant und haben nur noch auf deinen zündenden Funken gewartet! Ich kann mir gut vorstellen, dass du dafür nicht nur Ruhm und Ehre erntest, sondern dann vielleicht auch die eine oder andere Anschaffung von Mikrofonen, Kopfhörern, Laptops in deiner Schule möglich ist.

Kapitel 3
Das brauchst du

Hardware und Software sind so etwas wie dein Werkzeugkasten für die Hörspielproduktion – und der sollte gut gefüllt sein. Du solltest gut ausgerüstet in deine Arbeit gehen, damit du deine Ideen schnell und genau nach deinen Vorstellungen umsetzen kannst. Manchmal helfen dir Hardware und Software aber auch, auf neue Ideen zu kommen und sie weiterzuentwickeln. In diesem Kapitel gebe ich dir Tipps, wie du dein eigenes Tonstudio zusammenstellen kannst – von ganz klein bis ziemlich professionell.

Die Hardware

Mit **Hardware** sind alle Geräte gemeint, die du für die Produktion deines Hörspiels brauchen kannst: Computer, Mikrofone und Stative, Handheld-Rekorder, Audio-Interface, Kabel, Kopfhörer, Lautsprecher und anderes mehr.

- **Der Computer.** Am bequemsten arbeitest du mit einem Laptop. Damit kannst du dein Hörspiel nicht nur zu Hause produzieren, sondern auch bei Freunden oder in der Schule weiterbearbeiten. Du bist ganz unabhängig, weil Mikrofone und Lautsprecher (beziehungsweise Kopfhöreranschlüsse) schon an Bord sind. Da Audacity relativ wenig Arbeitsspeicher benötigt und auch die Audiodateien nicht so groß sind wie beispielsweise Videodateien, kannst du jeden handelsüblichen Laptop benutzen.

*Am Anfang brauchst du tatsächlich nur deinen Laptop und Audacity, um dein Hörspiel zu produzieren. Mikrofon und Lautsprecher sind dort schon eingebaut. Du musst erst einmal nichts weiter kaufen und dich nicht mit den ganzen technischen Einzelheiten beschäftigen. So kannst du ohne große Hürden alle nötigen Arbeitsschritte kennenlernen und in der Praxis umsetzen. Längerfristig rate ich dir aber, lieber mit **externen**, also zusätzlichen Mikrofonen und Lautsprechern (und Kopfhörern) zu arbeiten. Die lassen dein Hörspiel in der Regel wirklich viel besser klingen, und es macht mehr Spaß, daran zu arbeiten und es zu präsentieren. Aber auch dann musst du nicht sofort viel Geld investieren, sondern kannst dir nach und nach besseres Equipment kaufen. Je mehr Erfahrung du mit der Hörspielarbeit hast, desto besser kannst du entscheiden, was du wirklich brauchst.*

Wenn du keinen Laptop hast, kannst du auch einen normalen Computer benutzen. Dann brauchst du aber auf jeden Fall ein externes Mikrofon und Kopfhörer oder Lautsprecher. Denn in so einem Standrechner sind in der Regel weder Mikrofone noch Lautsprecher eingebaut.

- **Mikrofon(e).** Als Mikrofon empfehle ich dir auf jeden Fall ein sogenanntes Großmembran-Mikrofon mit USB-Anschluss. Dieses Mikrofon kannst du direkt an deinen Computer anschließen und in der Software anwählen.

Großmembran-Mikrofone haben im Inneren eine große, dünne Folie (die Membran), mit deren Hilfe sie deine Sprache in elektrische Spannung umwandeln und so für den Computer bereitstellen. Je größer die Membran ist, desto wärmer klingt deine Stimme. Es gibt auch Kleinmembran-Mikrofone, die für andere Zwecke (beispielsweise bestimmte Musikinstrumente) besser geeignet sind. Die Großmembran-Mikrofone benötigen Strom, den sie über den USB-Anschluss oder über das Audio-Interface bekommen.

» **Handheld-Rekorder.** Du kannst aber auch einen Handheld-Rekorder benutzen (»handheld« ist Englisch und bedeutet »tragbar«). Der Handheld-Rekorder ist ein sehr brauchbares Multifunktions-Ding, eine Kombination aus Aufnahmegerät und Mikrofon. Damit kannst du zum einen überall, wo du willst, Aufnahmen machen und bist vollkommen unabhängig von deinem Computer. Das ist vor allem dann von Vorteil, wenn du draußen echte Geräusche aufnehmen oder auf der Straße Interviews machen willst.

Der Rekorder speichert deine Aufnahmen auf einer eigenen Speicherkarte, die du nachher in den Computer einlesen kannst.

Das Mikrofon, das in dem Handheld-Rekorder steckt, kannst du zum anderen auch über USB an deinen Computer anschließen und so als sehr gutes Aufnahmemikrofon direkt für Audacity benutzen. Das Mikrofon klingt viel besser als das in deinem Laptop.

Wenn du die Hörspielarbeit erst einmal für dich entdecken und ausprobieren und kein Geld ausgeben willst, kannst du dir die Hardware manchmal auch leihen, beispielsweise in deiner Schule, in Jugendfreizeitheimen, bei Medienanstalten. Die stellen gerade für solche Zwecke Equipment zum Ausleihen bereit. Erkundige dich bei Lehrern, in deiner Bücherei und im Internet!

» **Audio-Interface.** Wenn du bereits einige Erfahrung in Sachen Hörspiel und Audioarbeit hast und dich weiterentwickeln möchtest, kannst du dir auch ein externes, also zusätzliches Audio-Interface besorgen. Das schließt du ebenfalls mit USB an deinen Computer an. An dieses Interface wiederum schließt du deine Mikrofone, Lautsprecher und Kopfhörer an.

Mit freundlicher Genehmigung von Focusrite Audio Engineering Ltd

Ein Audio-Interface ist eine externe, also ausgelagerte, zusätzliche Soundkarte. Damit kannst du mehrere Signale gleichzeitig aufnehmen, allerdings brauchst du dann auch mehrere Mikrofone (das sind allerdings keine USB-Mikrofone). Es können mehrere Personen gleichzeitig sprechen, und du kannst die Lautstärke der einzelnen Signale unabhängig voneinander regeln. Die Signale werden auch einzeln in Audacity aufgenommen und dargestellt, und du kannst sie dort unabhängig bearbeiten. Das kann dein Hörspiel viel natürlicher und besser klingen lassen, weil beispielsweise die verschiedenen Sprecher wie »in Wirklichkeit« miteinander sprechen können und sich nicht mehr am Mikrofon abwechseln müssen. Das erkläre ich dir im Kapitel »Aufnehmen für Profis« noch ausführlicher.

© Yio – stock.adobe.com

- **Mikrofonstativ mit Poppkiller.** Das sind beides Werkzeuge, die du nicht unterschätzen solltest! Damit bei der Aufnahme keine unangenehmen Geräusche entstehen, wenn du das Mikrofon in der Hand hältst, solltest du auf jeden Fall ein Mikrofonstativ benutzen. Es hilft dir außerdem, dich ganz auf die Aufnahme zu konzentrieren. So musst du dich nicht mehr um lästiges Kabelgewirr oder Störgeräusche kümmern.

  Der Poppkiller filtert die lauten Luftgeräusche heraus, die bei bestimmten Buchstaben entstehen – wie zum Beispiel »B, K, P, T«. Man nennt diese Buchstaben daher auch **Plosivlaute**. Der Poppkiller hilft dir außerdem, immer den richtigen Abstand zum Mikrofon einzuhalten.

Den Poppkiller kannst du dir auch aus einem Drahtbügel und einer Feinstrumpfhose selbst basteln.

- **Kopfhörer und Lautsprecher.** Um deine Aufnahmen zu kontrollieren und später dein Hörspiel zu bearbeiten, solltest du auf jeden Fall Kopfhörer und Lautsprecher benutzen. Mit den kleinen Lautsprechern in deinem Computer kannst du die Qualität deiner Aufnahmen und die Schnitte, die Effekte und die Lautstärken der einzelnen Signale nicht gut beurteilen. Wenn du immer wieder zwischen Kopfhörer und Lautsprecher abwechselst, bekommst du einen objektiveren Eindruck davon, wie dein Hörspiel am Ende wirklich klingt. Denn jeder Kopfhörer und jedes Paar Lautsprecher klingt immer ein bisschen anders.

Je kleiner die Lautsprecher sind, desto schlechter geben sie die verschiedenen Frequenzen wieder, also die dunklen oder hellen Klanganteile einer Aufnahme. Es kann dir passieren, dass du Aufnahmen und Geräusche viel zu laut oder zu leise einstellst, weil du sie über die kleinen Lautsprecher entweder nicht gut oder zu laut hörst. Ich empfehle dir deshalb immer, sowohl mit Kopfhörern als auch mit Lautsprechern zu arbeiten. Wechsel immer ein bisschen ab, damit deine Ohren sich nicht überanstrengen und gesund bleiben!

Wenn ihr zu zweit arbeitet, könnt ihr euch einen Kopfhörer-Verteiler besorgen, an dem mehrere Kopfhörer angeschlossen werden können. Die gibt es schon für ein paar Euro in ganz einfacher Ausführung.

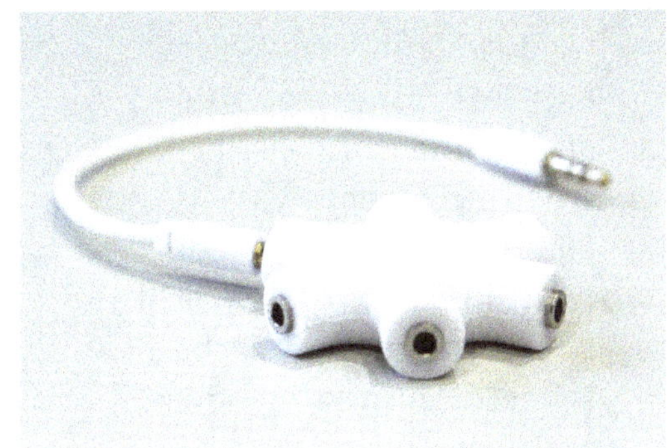

Und dann gibt es auch noch Luxusversionen, bei denen man beispielsweise die Lautstärke für jeden Kopfhörer einzeln einstellen kann.

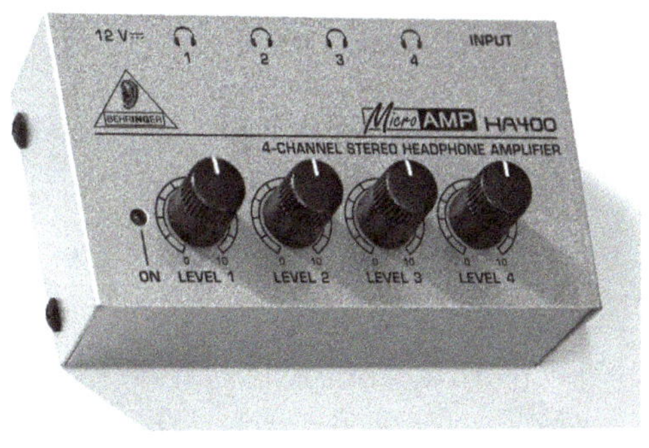

Sinnvoll sind auch ein Paar Lautsprecher, die du mit Miniklinke an den Kopfhörer-Ausgang deines Computers anschließen kannst (oder eben an ein externes Audio-Interface). So können mehrere Personen gleichzeitig hören, ohne dass ihr euch immer die Kopfhörer weitergeben müsst. Am besten eignen sich dafür **Aktiv-Lautsprecher**. Die heißen deswegen so, weil sie den benötigten Verstärker gleich miteingebaut haben. Du erkennst sie daran, dass sie in der Regel einen Ein- und Ausschalter und einen Lautstärkeregler haben.

- **Kabel.** Außerdem solltest du bei der Vorbereitung immer bedenken, dass du für alle Geräte die passenden Kabel hast, damit du im entscheidenden Moment auch wirklich loslegen kannst!
- **Spezialzubehör** für den professionelleren Einsatz. Das musst du erst einmal nicht haben, kannst es aber in einigen Fällen gut gebrauchen. Wenn du draußen Geräusche oder Interviews aufnimmst, musst du immer darauf achten, dass nicht zu viele Windgeräusche deine Aufnahmen unbrauchbar machen.

Dabei hilft dir ein Spezialwindschutz für dein Mikrofon, auch **Deadcat** – tote Katze! – genannt, den du vielleicht schon mal gesehen hast. Sowas ist eher teuer und du wirst ihn wahrscheinlich nicht so oft benutzen – vielleicht kannst du ihn also irgendwo ausleihen.

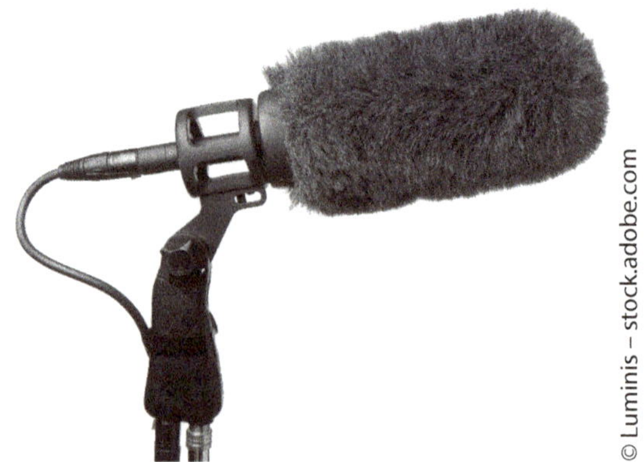

Bei einigen Mikrofonen wird ein Windschutz mitgeliefert, der aussieht wie eine Clownsnase. Als Poppkiller ist er okay, aber als Windschutz taugt er nicht besonders viel!

Um deine Aufnahmen klanglich gut zu kontrollieren und professionell klingen zu lassen, wäre auch noch ein sogenannter Raumabsorber, der auf das Mikrofonstativ montiert wird, sehr hilfreich. Der sorgt dafür, dass nicht allzu viel Hall, Echo oder sonstige Nebengeräusche mit aufgenommen werden. Zum Thema »Räumlichkeiten« kannst du weiter hinten in diesem Kapitel noch mehr lesen.

Falls dich die Fülle des Equipments ein bisschen erschrecken oder gar abschrecken sollte, möchte ich dich unbedingt noch mal an den Anfang dieses Kapitels erinnern: Für die allerersten Schritte kannst du dich einfach an deinen Laptop setzen und anfangen aufzunehmen. Aus meiner Erfahrung heraus ist es wichtiger, gute Ideen und viel Spaß zu haben, als sich erstmal viel Equipment zu besorgen und dann vielleicht ratlos davor zu sitzen.

Die Software »Audacity«

Audacity ist eine sehr gute Wahl, um dein eigenes Hörspiel zu produzieren. Die Software ist ziemlich übersichtlich und stellt außerdem eine große Menge an Bearbeitungsmöglichkeiten und Effekten bereit – und sie macht von Anfang an eine Menge Spaß! Du kannst Audacity umsonst aus dem Internet auf der Seite https://www.audacityteam.org downloaden, und es läuft auf allen gängigen Betriebssystemen (Windows, macOS, Linux).

Das Herunterladen und Installieren kann bei jedem Computer und jedem Betriebssystem sehr unterschiedlich sein. Lies dir immer sehr sorgfältig durch, welche Version du von jedem Programm brauchst und welche für deinen Computer passend ist. Lass dir auch von erfahrenen Freunden oder deinen Eltern helfen.

Audacity hat sich in den letzten Jahren immer sehr rasant weiterentwickelt und verbessert sich immer weiter. Es lohnt sich also, immer auch die aktuellste Version auf deinem Rechner zu haben. In diesem Buch stelle ich dir die Version 3.4.2 vor. Es gibt auch noch einige andere Audioprogramme, aber grundsätzlich funktionieren sie alle ähnlich.

Grundsätzliches

Audacity ist eine mehrspurige, digitale **Audio-Bearbeitungssoftware**. Du kannst damit nacheinander Tonaufnahmen machen und diese als sogenannte **Tonspuren** (oder auch **Audiospuren**) auf der Software-Oberfläche sehen. Hinterher kannst du sie unabhängig voneinander bearbeiten: Du kannst sie schneiden, sortieren, in der Lautstärke verändern, mit Effekten versehen und vieles mehr. Ebenso kannst du Geräusche oder Musik aus dem Internet downloaden und auf die gleiche Weise bearbeiten. Oder du nimmst auf einem Handheld-Rekorder, den ich dir bei der Hardware vorgestellt habe, selbst Geräusche auf und lädst sie dann in die Software. So bastelst du dir nach und nach dein eigenes Hörspiel oder deinen eigenen Podcast zusammen!

Voreinstellungen

Normalerweise funktionieren Audacity und dein Computer sofort miteinander, und alle **Voreinstellungen** sind automatisch korrekt. Falls das nicht so sein sollte, kannst du diese Voreinstellungen auch selbst anpassen. Zwei Voreinstellungen, die du aber vorher checken solltest, stelle ich dir jetzt vor.

1 Klicke auf den Menüpunkt Audacity, dann auf Einstellungen.

Es erscheint ein neues Dialogfeld mit verschiedenen Einstellungsmöglichkeiten. Klicke in diesem Dialogfeld auf Audio-Einstellungen und stelle dort bei Qualität die »Projekt-Abtastrate« und die »Standard-Abtastrate« jeweils auf 44100 Hz und das »Standard-Abtastformat« auf 32-Bit-Fließkomma ein. Dies entscheidet darüber, wie gut deine Aufnahme am Ende klingt.

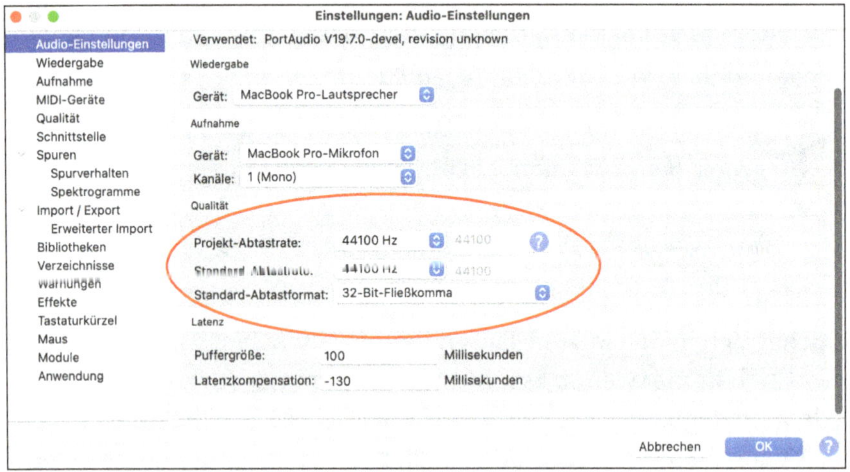

Diese Einstellungen sind für eine professionelle CD geeignet. Ich empfehle dir, immer mit einer guten Aufnahmequalität zu arbeiten und erst zum Schluss das fertige Hörspiel (beispielsweise für das Internet) in eine kleinere Datei wie MP3 umzuwandeln.

2 Klicke als Nächstes im gleichen Dialogfeld in der Spalte auf der linken Seite auf Aufnahme und wähle dort dann die Checkbox »Andere Titel während der Aufnahme hören (Overdub)« aus.

Wenn du zum Beispiel zu Musik singen möchtest oder zu einer bereits aufgenommenen Geräusche-Spur sprechen möchtest, brauchst du genau diese Funktion.

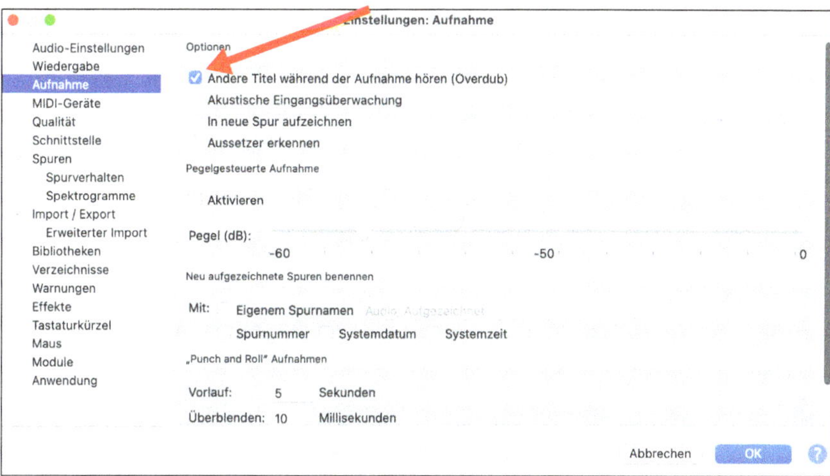

Überprüfe jetzt noch schnell, ob du einen **LAME-Encoder** installiert hast. Das ist ein kleines Programm, mit dem du später aus deinem fertigen Hörspiel eine MP3-Datei erzeugen kannst. Klicke dafür in demselben Dialogfeld auf Bibliotheken und schau nach, ob dort »MP3-Bibliotheksversion: LAME 3.100 (Integriert)« steht. In der Regel ist auch dieser schon in Audacity mit dabei. Falls nicht, lade dir einen LAME-Encoder aus dem Internet herunter.

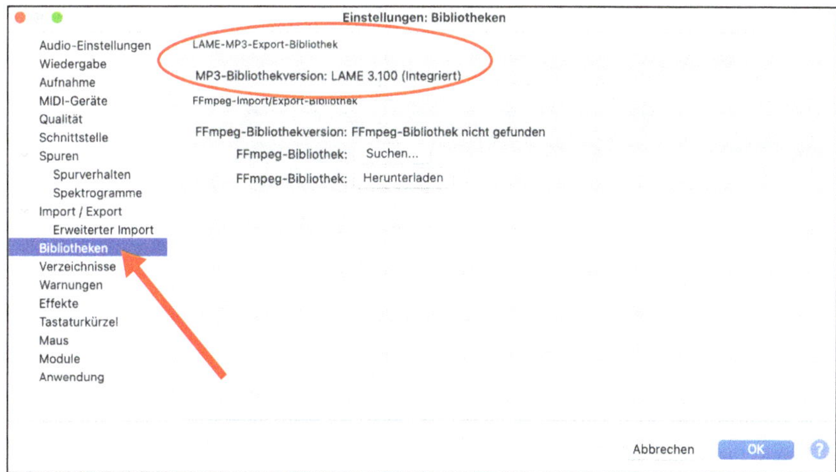

Um weitere Einstellungen musst du dich erst einmal nicht kümmern. Wenn nötig, weise ich dich in den anderen Kapiteln noch einmal darauf hin, denn einige Einstellungen kannst du bequemerweise direkt in der Hauptarbeitsoberfläche von Audacity vornehmen.

Audacity bedienen

Die meisten Audioprogramme haben ähnliche Funktionen wie Aufnehmen, Abspielen, Kopieren und Einfügen, Schneiden, Verschieben, Löschen. In den Kapiteln 4, 5, 6 und 7 erkläre ich dir ganz genau, wofür diese ganzen Schaltflächen und Anzeigen da sind und wie man sie benutzt. Hier ein kurzer Überblick.

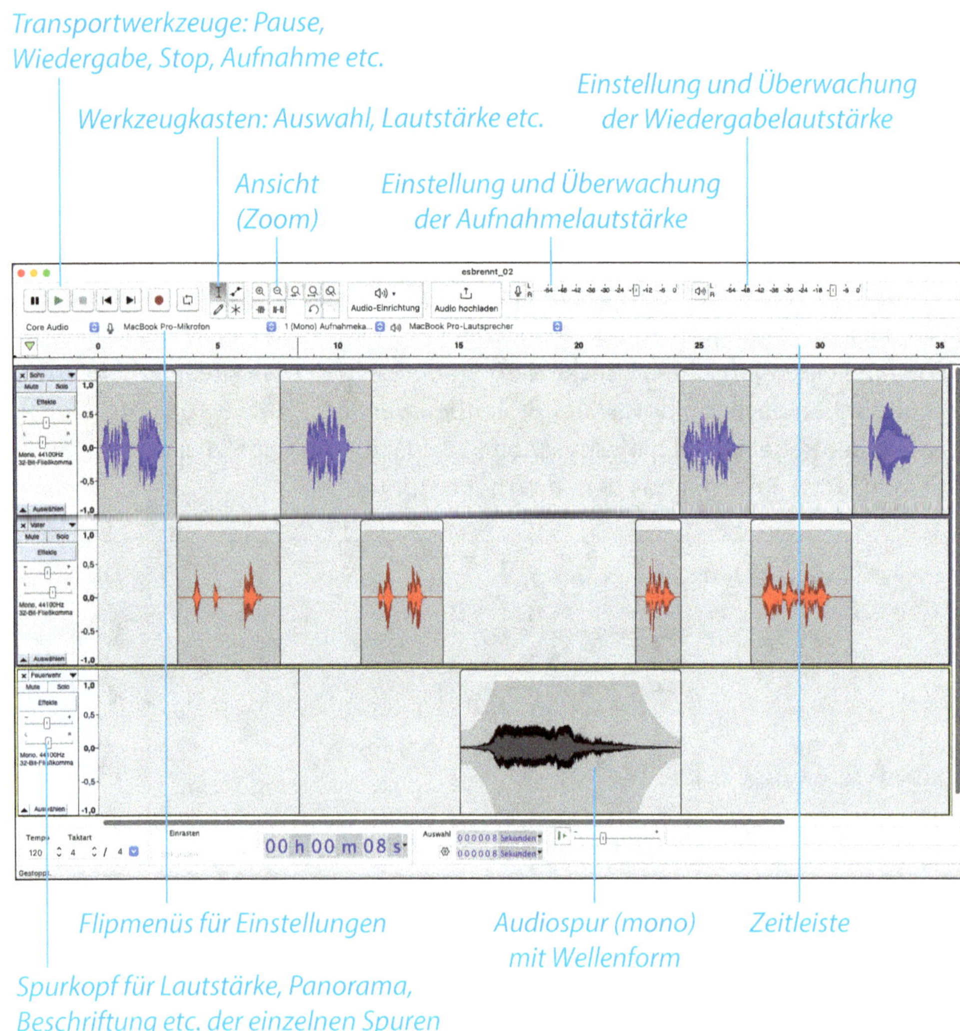

In der Hilfe-Funktion von Audacity findest du auch noch mal wertvolle Hinweise, die dir weiterhelfen können. Dafür solltest du allerdings mit dem Internet verbunden sein, weil es sich bei einigen Hilfestellungen um Online-Funktionen handelt. Klicke im Menü auf Hilfe und gib dein Problem in das Textfeld ein.

Die einzelnen Elemente wie Transportwerkzeuge oder Kurzbefehle könnten bei dir anders angeordnet sein. Das ändert gar nichts an ihrer Funktionsweise. Du kannst sie per »Drag & Drop« ganz einfach so anordnen, wie es dir am besten gefällt. Außerdem kannst du dir andere Befehle und Werkzeuge auf diese Oberfläche holen, wenn du sie oft benutzt. Gehe dafür in den Menüpunkt Ansicht, dann zu Werkzeugleisten und klicke dort die Werkzeuge an, die du oft benutzt.

Räumlichkeiten

Jetzt möchte ich deine Aufmerksamkeit noch auf die Räumlichkeiten lenken, in denen du am besten arbeitest.

Du kannst dir deine Audioproduktion als eine lange Kette von einzelnen Arbeitsschritten vorstellen – eben wie Kettenglieder: die Erfindung der Story oder deiner Podcast-Inhalte, das Skript, die Sprecher, die Aufnahmesituation, die Mikrofone, der Computer, die Software, die Lautsprecher, die Veröffentlichung. Und jede Kette ist nur so schön wie ihre einzelnen Kettenglieder. Von daher empfehle ich dir, auch schon die Aufnahmesituation sorgfältig zu planen (und vor allem auf den Raum zu achten, in dem du aufnimmst).

Sicherlich wirst du nicht in einem professionellen Tonstudio arbeiten, mit toll klingenden Räumen, einer eigenen, abgetrennten Aufnahmekabine, ohne Störgeräusche von außen und so weiter – zumindest nicht am Anfang deiner Audio-Karriere! Trotzdem gibt es viele Möglichkeiten, mit denen du den Grundsound deiner Produktion gut kontrollieren und beeinflussen kannst.

Fast alle Räume haben einen eigenen **Nachhall**, und je größer ein Raum ist, desto länger und lauter ist er – stell dir eine Kirche im Gegensatz zu deinem Klassenraum in der Schule vor. Oder dein eigenes Zimmer, das sicherlich sehr wenig Nachhall hat. In der Regel will man eine Aufnahme so »trocken« wie möglich machen, also mit möglichst wenig Nachhall. Du kannst Soundeffekte wie Nachhall – oder kurz »Hall« – später beliebig hinzufügen. Du kannst aber den Hall oder andere Störgeräusche, die einmal in deiner Aufnahme sind, kaum mehr verschwinden lassen! Manchmal stellt man erst viel zu spät fest, dass der Grundsound nicht stimmt und ärgert sich dann über die Arbeit, die man vielleicht umsonst investiert hat.

Du solltest dir zum Aufnehmen also einen eher kleinen Raum suchen. Wenn dein Raum einen glatten Fußboden (Holz, Fliesen, PVC o.Ä.) hat, kannst du einen kleinen Teppich oder eine Decke ausbreiten. Große Fenster kannst du mit einem Vorhang zuziehen.

Außerdem kannst du dir auch eine **improvisierte Aufnahmekabine** bauen, mit einer Decke über ein zweites Mikrofonstativ, das du querstellst. Oder du baust dir eine Höhle unter deinem Hochbett, wenn du eins hast (ich habe sogar schon einmal eine Sprecherin in ihrem großen Kleiderschrank aufgenommen!). Im Abschnitt »Die Hardware« habe ich auch schon mal den **Raumabsorber** vorgestellt, den man mit an das Mikrofonstativ schrauben kann.

Schließlich solltest du noch unbedingt darauf achten, dass in deinem Aufnahmeraum keine sonstigen Störgeräusche auftauchen. Oft nimmt man erst hinterher wahr, dass eine Uhr laut tickt, der Kühlschrank brummt, die Nachbarn zu laut fernsehen …

Manche Geräusche kann man nicht einfach abstellen. Aber hast du schon mal daran gedacht, wichtige Teile deines Hörspiels abends aufzunehmen oder an einem Sonntagmorgen, wenn viele Leute noch schlafen …?

Mit einiger Erfahrung kannst du auch verschiedene Räume in deiner Wohnung, in deiner Schule, in einer Kirche oder wo auch immer ganz gezielt zur akustischen Gestaltung deines Hörspiels nutzen – sozusagen **Originalhörplätze**. Wenn eine Szene in einer großen Halle spielt, könntest du ja mal in deiner Schule fragen, ob du für eine Stunde in eure Turnhalle kannst, wenn sie nicht besetzt ist. Oder du nimmst eine Szene im Wald auf oder auf der Straße. Das klingt oft sehr viel echter, als wenn du sie in der Postproduktion nachträglich bearbeitest. Außerdem ist es sehr aufregend und macht eine Menge Spaß, sich die verschiedenen Möglichkeiten für Orte und Räume auszudenken und zu organisieren.

Oder du nimmst die Räume, Orte und Situationen ohne Sprache auf und fügst sie später in der Postproduktion dazu. Du könntest mit einem Handheld-Rekorder oder deinem Smartphone in einem Fußballstadion, in einer Shopping Mall, auf deinem Schulhof die typische **Soundatmosphäre** einfangen und dein Hörspiel damit sehr echt wirken lassen.

Kapitel 4
Erste Aufnahmen

Jetzt geht es richtig los, und es wird spannend. Dein Hörspiel oder dein Podcast nimmt seine nächste Form an – Ohren gespitzt! Der Aufnahmeprozess ist sehr vielschichtig, viele verschiedene Aspekte müssen berücksichtigt werden, und das teilweise gleichzeitig. Dabei kannst du dein Talent als Tontechniker, Regisseur und Zuhörer entdecken und weiterentwickeln. In diesem Kapitel lernst du die wichtigsten Schritte zu einer guten Aufnahme: das Equipment einrichten, die Sprecher beraten und selbst sprechen, die Aufnahmen machen und anhören und einiges mehr. Einige Schritte beziehen sich dabei eher speziell auf Hörspielaufnahmen, du kannst sie aber immer auch bei der Produktion deines Podcast berücksichtigen.

Wenn dein Hörspiel eher lang geworden ist, empfehle ich dir, die einzelnen Szenen auch in einzelnen Dateien (und damit auch auf einzelnen Arbeitsoberflächen in Audacity) aufzunehmen. Damit behältst du eine bessere Übersicht. Wie du die einzelnen Szenen zum Gesamthörspiel zusammenfügst, erkläre ich dir in den Kapiteln »Die Postproduktion«.

Verschiedene Aufnahmesettings

Du hast also eine spannende Story erfunden, ein perfektes Skript hergestellt und dein Equipment zusammengesucht. Jetzt geht es los mit den ersten Aufnahmen. Ich stelle dir im Folgenden verschiedene Aufnahmemöglichkeiten – oder auch **Aufnahmesettings** – vor.

Welches Setting das richtige für dich ist, hängt zum einen von deinem Equipment ab, zum anderen aber auch davon, was du selbst künstlerisch und organisatorisch für sinnvoll hältst. In den meisten Hörspielen und Podcasts tauchen außerdem mehrere Sprecher auf, zum Beispiel bei einem Interview. Auch das musst du bei der Wahl deines Aufnahmesettings berücksichtigen. Ich werde die verschiedenen Settings erklären und immer die Vor- und Nachteile erläutern.

Live

»Live« ist Englisch und eine verkürzte Form von »alive«, das bedeutet so viel wie »lebendig«. Im weiteren Sinne ist damit auch »echt, unverfälscht« gemeint. Das Wort hast du vielleicht schon mal bei einer Ankündigung für ein Konzert gehört oder gelesen. In unserem Sinne bedeutet es, dass alle Sprecher einer Szene zusammen vor dem Mikrofon stehen und eben »wie echt« miteinander reden. Das hat den Vorteil, dass sich eure Dialoge sehr lebendig anhören, weil die Sprecher direkt aufeinander reagieren können und so eine natürliche, unverfälschte Stimmung entsteht. Die Sprecher können ein bisschen improvisieren, sich ins Wort fallen und ihre Texte mit Mimik und Gestik unterstützen. Für dieses erste Setting brauchst du nur ein einzelnes Mikrofon. Dieses Setting wäre sicherlich auch das richtige für deine Podcast-Produktion. Wenn du einen Gesprächspartner hast, willst du dich ja richtig lebendig mit ihm unterhalten.

Auch wenn es sich vielleicht komisch oder unpassend anfühlt, weil man es später ja gar nicht sieht: Wenn du als Sprecher vor dem Mikrofon an passender Stelle dein Gesicht verziehst, deine Augen verdrehst, zornig guckst und so weiter, verändert sich auch deine Sprache und die Betonung. Genauso kannst du deine Hände oder deinen ganzen Körper benutzen, um deinen Worten mehr Ausdruck zu verleihen. Du kannst dich so viel besser in die Stimmung deiner Rolle hineinversetzen. Alles klingt gleich viel lebendiger. Trau dich und probiere das mal aus!

Dieses Setting hat aber einen Nachteil. Die Sprecher müssen sich vor dem Mikrofon abwechseln, damit auch wirklich jeder Satz und jedes Wort richtig gut aufgenommen werden kann und einen guten Sound hat. Alle dürfen ihre Sätze wirklich erst sprechen, wenn sie direkt vor dem Mikrofon stehen. Sie dürfen auch erst wieder vom Mikrofon weggehen, wenn sie wirklich ihre Sätze zu Ende gesprochen haben. Und ihr solltet auch alle Geräusche vermeiden, die beim Abwechseln vor dem Mikrofon entstehen. Lasst euch gerade bei Fragen und Antworten in einem Interview gegenseitig wirklich aussprechen. Daran müsst ihr euch ein bisschen gewöhnen und es erfordert ein bisschen Übung und Geduld.

Bei einem Live-Setting musst du den Aufnahmepegel in Audacity sehr aufmerksam im Auge behalten, denn jeder Mensch spricht mit einer anderen Lautstärke. Also musst du eine ausführliche Probe – einen ***Soundcheck*** *– machen, bei dem du den kompletten Text, den du aufnehmen willst, am Mikrofon vorlesen lässt. Dann musst du eine gute Durchschnittslautstärke finden oder für jede Person nachregeln.*

Du hast nach der Aufnahme die Texte der Sprechrollen als eine einzige lange Audiospur vorliegen. Die ungewohnten Pausen und die Nebengeräusche, die in der Aufnahme entstehen, kannst du vernachlässigen. Die schneidest du später in Audacity bequem raus. Wichtig ist in diesem Moment der brauchbare Grundsound der Sprachaufnahme.

Eine leicht verbesserte Unterform dieses Live-Aufnahmesettings kannst du auch mit einigen Handheld-Rekordern hinbekommen, die ich im Kapitel »Das brauchst du« unter »Hardware« vorgestellt habe. Einige haben zwei Mikrofone eingebaut, die an den gegenüberliegenden Seiten des Geräts versteckt sind. Wenn ihr das Gerät entsprechend einstellt, zwischen euch nehmt und noch zwei Poppkiller benutzt, könnt ihr euch gegenüber aufstellen. Ihr braucht euch dann nicht vor dem Mikrofon abzuwechseln. Das hat auch den Vorteil, dass ihr euch beim Aufnehmen ansehen und noch viel besser aufeinander reagieren könnt. Zwar kannst du die beiden Mikrofone im Handheld-Rekorder normalerweise nicht einzeln in der Lautstärke regeln, trotzdem bist du damit schon mal einen ganzen Schritt weiter, um eine gute Qualität deiner Aufnahmen zu erreichen.

Nacheinander aufnehmen

Es gibt auch die Möglichkeit, dass erst eine Person ihren gesamten Text einer Szene an einem Stück aufnimmt. Dann nimmt die zweite Person auf, die dritte und so weiter. Du hast dann für jede Person genau eine lange, unabhängige Audiospur im Rechner vorliegen (im Extremfall würde das sogar mit dem gesamten Hörspiel so funktionieren). Ein Vorteil dieser Arbeitsweise ist, dass du dich voll auf eine einzige Person konzentrieren kannst. Du kannst ihre Aufnahmelautstärke individuell kontrollieren und einstellen. Du kannst ihr Regie-Tipps und Sprechanweisungen geben und bekommst so ein perfektes und sauberes Signal.

Außerdem ist es dann nicht so schlimm, wenn eine Person einmal nicht zum vereinbarten Aufnahmetermin kommt, weil sie vielleicht krank und nicht gut bei Stimme ist. Dann nimmst du diese Person zu einem anderen Zeitpunkt einzeln auf und schneidest sie mit Audacity hinein. Auch wenn jemand einen besonders schwierigen oder langen Text hat oder noch nicht so gut lesen kann und deswegen nervös ist, könntest du den Text erst einmal mit ihm alleine aufnehmen. Die anderen müssen dann nicht so lange angespannt auf ihren Einsatz warten und können sich ein bisschen ausruhen. Und wenn du die eine oder andere Rolle hast, die vielleicht nur einmal oder zweimal in deinem Hörspiel vorkommt (die Nachbarin, der Zeitungsverkäufer …), kannst du diese kurzen Einsätze gleich allesamt aufnehmen und für später abspeichern.

Bei dieser Art der Aufnahme solltest du sehr genau darauf achten, dass ihr beim Sprechen auch wirklich immer den richtigen Ton trefft. Das heißt, dass ihr den Text mit den richtigen Betonungen und den passenden Gefühlen sprecht, ihn richtig **interpretiert**. Das kann nämlich ganz schön schwierig sein und schnell ziemlich steif klingen. Vielleicht hast du ja schon mal ein »Making of« deines Lieblingsfilms gesehen, in dem ein Schauspieler mit einer anderen Person (oder einem Fantasie-Tier) sprechen soll, die erst im Nachhinein in den Film hineingeschnitten wird – sehr ungewohnt!

Außerdem gibt es bei dieser Aufnahmeart auch keine Möglichkeit zur Improvisation oder für kurzfristige Anpassungen im Text, wenn eine andere Rolle schon eingesprochen und die betreffende Person nicht mehr dabei ist. Daher würde ich dir diese Aufnahmeart für ein Podcast-Interview natürlich nur in Spezialfällen empfehlen.

Fehler und Versprecher kommen immer vor, selbst bei den professionellsten Sprechern. Das ist überhaupt kein Problem! Wichtig ist immer nur, wie du damit umgehst. Bei allen Aufnahmesettings gilt: Wenn jemand sich verspricht: nur die Ruhe bewahren, neu konzentrieren und unbedingt am Satzanfang noch mal neu anfangen zu sprechen. Wenn du direkt weiterliest, kann es sein, dass du auch mit der besten Technik den Fehler nicht mehr so rausschneiden kannst, dass es hinterher nicht mehr auffällt.

Mehrspur-Aufnahmen

Jetzt wird es schon fast ganz professionell. Stell dir vor, jeder Sprecher hat sein eigenes Mikrofon und du kannst ihn unabhängig von allen anderen in der Lautstärke, dem Mikrofonabstand, dem Klang perfekt einstellen. Und du kannst dann alle Sprecher gleichzeitig, aber auf getrennten Audiospuren sauber in Audacity aufnehmen – ein Traum für jeden Hörspielmacher!

Für echte Mehrspur-Aufnahmen brauchst du mehrere Mikrofone mit allem Drum und Dran: Stativ, Poppkiller und Kabel (das sind dann allerdings keine USB-Mikros). Und vor allem brauchst du ein Audio-Interface mit mehreren Kanälen.

Mit so einem Audio-Interface mit vier Kanälen könntest du also bis zu vier Mikrofone anschließen und bis zu vier Sprecher gleichzeitig aufnehmen. Auf den ersten Blick sieht das vielleicht sehr kompliziert aus, aber eigentlich ist es gar nichts anderes als vorher – nur eben viermal gleichzeitig. In Audacity musst du dann entsprechende Einstellungen vornehmen, die ich dir ein bisschen weiter hinten unter »Ruhe bitte – Aufnahme!« erkläre.

Mit freundlicher Genehmigung von Focusrite Audio Engineering Ltd

Generell gilt: Je mehr Kanäle die Geräte haben, desto mehr Geld kosten sie auch, aber die Preise sind insgesamt sehr verschieden. Du solltest dir daher vor dem Kauf genau überlegen, was du brauchst und haben willst, und dich am besten zusammen mit deinen Eltern gut informieren. Es gibt auch Audio-Interfaces mit nur zwei, aber auch welche mit acht oder noch mehr Kanälen.

Zusätzliche Aufnahmen mit externen Geräten

Genauso kannst du auch Aufnahmen mit ganz anderen Geräten an ganz anderen Orten und zu ganz anderen Zeitpunkten machen. Stell dir vor, du brauchst für eine Szene die Sound-Atmosphäre eines Fußballstadions, einer Bahnhofshalle oder eines Kinos, kurz bevor der Film losgeht. Dann könntest du beispielsweise einen Handheld-Rekorder oder sogar dein Handy benutzen und die Aufnahmen später in Audacity einfügen und bearbeiten.

Je nach Erfahrung, nach Equipment, nach deinem Zeitplan, deiner Lust und Laune und nach der Verfügbarkeit der Sprecher kannst du die verschiedenen Aufnahmesettings auch kombinieren. Die eine Szene kannst du auf diese Art aufnehmen, die andere auf eine andere Art. Schließlich geht es nur darum, dass du am Ende der Aufnahmephase alle Signale, die du brauchst, in möglichst guter Qualität in Audacity vorliegen hast, um dann mit der Postproduktion weiterzumachen.

Smartphone

Auch mit deinem Smartphone kannst du Aufnahmen machen und später in Audacity einfügen. Finde aber zuerst heraus, in welchem **Audioformat** dein Handy aufnimmt, und prüfe, ob Audacity auch wirklich damit arbeiten kann. Es wäre gut, wenn du WAV- oder MP3-Dateien aufnehmen könntest. Wenn nicht, musst du dir eine Software suchen, die deine Smartphone-Aufnahmen in solche Dateien umwandeln kann.

»Was hat der gesagt?!« – Sprech- und Interpretationsübungen

Gute Betonung und eine verständliche Aussprache sind das A und O eines Hörspiels und eines Podcast. Die Zuhörer müssen auf Anhieb verstehen, was gesagt wurde. Sie haben ja keine Möglichkeit, nachzufragen oder zurückzublättern. Deine Stimmbänder sind ein Organ deines Körpers, und genau wie beim Sport solltest du deine Stimme trainieren und vor dem Sprechen gut aufwärmen. So klingt sie besser und bleibt länger gesund.

Starte mit ein paar Lockerungsübungen für Lippen, Zunge und Stimmbänder:

» **Prusten wie ein Pferd**. Mach deine Lippen locker und puste Luft hindurch. Stell dir das typische Schnauben eines Pferdes vor. Dein ganzer Kopf vibriert.

» **Zungenrollen**. Erkunde mit der Zunge deinen gesamten Mund: vor den Zähnen, hinter den Zähnen, den Gaumen, die Wangen.

» **Grimassen**. Schneide mit dem ganzen Gesicht Grimassen. Arbeite mit möglichst vielen verschiedenen Muskeln.

» **Gähnen**. Gähne ausführlich, vollkommen übertrieben und durch alle Tonlagen hindurch. Benutze deinen ganzen Oberkörper und die Arme dabei.

» **Zwerchfell**. Trainiere dein Zwerchfell, es ist das wichtigste Atemorgan. Stoße mit geschlossenen Zähnen mehrmals hintereinander schnell und stark die Luft aus und mach dabei: Ks! – Ks! – Ks! – Ks!

» **Bauchatmung**. Konzentriere dich darauf, in deinen Bauch zu atmen, nicht in deine Schultern. Lege eine Hand auf den Bauch und beobachte sie. Sie hebt sich und senkt sich im Rhythmus deines Atems.

Noch eine Idee für eine Interpretationsübung: Du spielst im Hörspiel ja eine andere Person und musst dich in sie hineinversetzen: Wie spricht sie, wie sind ihre Betonungen, ihr Sprechrhythmus, ihr Dialekt und so weiter? Such dir einen beliebigen, möglichst neutralen Text aus, am besten ohne wörtliche Rede. Das könnte sogar eine Bedienungsanleitung für ein Handy oder ein Kochrezept sein. Überlege dir dann eine Person, die diesen Text spricht, oder eine Stimmung, in der dieser Text gesprochen werden soll: ein Pfarrer in einer Kirche, ein Monster, eine Person mit einem ausländischen Akzent. Oder eben: lustig, gelangweilt, traurig, verschnupft. Benutze Mimik und Gestik dabei.

Wenn ihr mehrere seid, stellt euch gegenseitig diese Aufgabe. Probiert mehrere Varianten aus, nehmt sie auf und hört sie euch gemeinsam an. Das macht gleich viel mehr Spaß!

Mikrofontechnik

Jetzt bist du also schon aufgelockert und du weißt, wie du deinen Text sprechen und interpretieren willst. Mit **Mikrofontechnik** bezeichnet man nun das Verhalten als Sprecher vor dem Mikrofon.

» Idealerweise hast du auch ein Mikrofonstativ mit Poppkiller aufgebaut. Behalte immer den gleichen Abstand zum Mikrofon und sprich immer direkt ins Mikrofon. Der Poppkiller ist eine gute Hilfe. Stelle ihn ungefähr so ein, dass er eine Handbreit vom Mikrofon entfernt ist. Deine Lippen sollten ungefähr auch wieder eine Handbreit vom Poppkiller entfernt sein.

Schon kleine Bewegungen mit dem Kopf zur Seite oder nach oben und unten können deine Stimme auf der Aufnahme deutlich lauter oder leiser werden lassen. Das macht viel Arbeit in der Postproduktion, und nicht immer kannst du alles dort noch reparieren.

Du solltest immer möglichst wenig Raumanteil in der Sprache aufnehmen, also ein möglichst »trockenes« Signal haben. Die verschiedenen Raumklänge eines Badezimmers, einer Kirche, einer Turnhalle kannst du später gut in der Effekt-Abteilung von Audacity herstellen.

» Halte dein Skript immer so, dass du direkt ins Mikrofon sprechen kannst.

Produziere keine Geräusche mit dem Papier. Die kann man später nur sehr schwer herausschneiden. Am besten nimmst du immer nur das eine Blatt in die Hand, das du gerade brauchst.

» Trotzdem gibt es in deinem Text sicherlich auch Stellen, bei denen ein Charakter vielleicht lauter sein muss, beispielsweise wenn er besonders aufgeregt oder verärgert ist oder wenn er jemanden rufen soll. In solchen Fällen solltest du deinen Kopf ein Stück vom Mikrofon wegbewegen oder auch zur Seite drehen, damit du nicht direkt ins Mikrofon rufst. Sonst sind die Aufnahmen vielleicht übersteuert und unbrauchbar. Umgekehrt kann es auch sein, dass du an einer Stelle leiser sein willst oder sogar flüstern musst. Dann musst du deinen Kopf näher ans Mikrofon halten, damit dein Signal noch gut aufgenommen wird. Mit der Zeit wirst du das ganz natürlich machen, und immer eine kleine Kopfbewegung in dein Lesen mit einbauen.

» Textstellen, die so klingen sollen, als seien sie aus der Ferne gesprochen, kannst du auch gleich so aufnehmen. Du gehst also wirklich ein paar Schritte vom Mikrofon weg und sprichst den Text, so wie er sich nachher im Hörspiel auch anhören soll. Denn ein weit entferntes Geräusch ist nicht nur einfach leiser. Es hat auch einen ganz anderen Grundklang, den du dir in der Postproduktion mühevoll »zurechtbasteln« müsstest. Und denke daran: Jeder Raum klingt anders!

*Hast du schon mal von **Körperspannung** gehört? Du solltest nach Möglichkeit eine Aufnahme immer im Stehen machen. Genauso wie die Mimik und die Gestik hat auch deine gesamte Körperhaltung Auswirkung auf deinen Sprachsound. Du kannst dich besser konzentrieren und dich besser in die benötigte Spannung bringen, die du brauchst, um mitreißend zu lesen. Dafür brauchst du ein Mikrofonstativ, das du auf deine Körpergröße einstellen kannst. Oder du baust dir mit deinem Tischstativ und einigen Hilfsmitteln eine brauchbare Variante. Ein längeres Podcast-Interview würde ich aber doch eher im Sitzen führen. Am besten wäre auch hier ein Tischstativ für das Mikrofon und Stühle, auf denen ihr bequem aber gerade – mit Körperspannung – sitzen könnt.*

Regie

»Regie führen« ist vielleicht ein Respekt einflößender Begriff, und womöglich kennst du ihn eher aus dem Filmbereich. Aber genauso wie dort gibt es auch bei einer Hörspielproduktion immer einen Regisseur. Er achtet darauf, wie das ganze Hörspiel-Puzzle aus Sprache, Geräuschen, Atmosphären, Effekten und Musik zum Schluss klingt. Du führst sowohl bei der Aufnahme Regie als auch später bei der Postproduktion durch den Schnitt und die Effekte.

Interpretation

Neben der Auswahl der Sprecher (schlag auch im Kapitel »Story und Skript« nochmal nach) ist die Kontrolle über die Interpretation eine deiner wichtigsten Aufgaben als Regisseur. Hier entscheidet sich, ob du deine Zuhörer wirklich in den Bann ziehen kannst und ob sie deinem Hörspiel gespannt folgen. Einige Dinge, auf die du achten solltest:

» Haben alle wirklich den richtigen Text gesprochen? Kleine Fehler sind manchmal die Ursache dafür, dass der Zuhörer der Geschichte nicht folgen kann und eher verwirrt ist.

» Kann jeder Sprecher seinen Text gut sprechen, »liegt der Text gut im Mund«? Gehe ruhig darauf ein, wenn ein Sprecher dir einen anderen Vorschlag macht, den er besser sprechen kann.

» Hat der Sprecher seinen Text gut rübergebracht? Hat er mit dem richtigen Gefühl gesprochen, der richtigen Stimmung und der richtigen Lautstärke? Passen die Interpretation und die Betonung zu dem Charakter der Rolle? Kann der Zuhörer dem Sprecher glauben, was er gesagt hat? Aber ist es auch nicht zu übertrieben? Probiere ruhig mehrere Varianten aus, um diese Punkte zu klären.

» Unsere Unterhaltungen bestehen nicht nur aus Worten. Wenn wir reden, machen wir unbewusst auch sehr viele Geräusche, die unsere alltäglichen Unterhaltungen lebendig machen. Animiere die Sprecher auch dazu, an den richtigen Stellen zu seufzen, zu stöhnen, zu zögern, zu kauen, zu schmatzen, zu weinen, zu schluchzen, die Nase zu schnauben … Das kostet einige Überwindung, aber du wirst erstaunt hören, wie plötzlich richtig lebendige Bilder vor deinem inneren Auge entstehen. Mach dir doch mal den Spaß, auf dem Schulhof, während der Busfahrt oder im Kaufhaus nur darauf zu achten. Man könnte sagen, diese zusätzlichen Sprachgeräusche sind das Salz in der Sprech-Suppe!

Bei den ersten Hörspielen, die du machst, wirst du vermutlich sehr viele Aufgaben selbst erledigen: die Story erfinden, das Skript schreiben, die Technik bedienen, sprechen, Geräusche und Musik machen, Regie führen, Postproduktion und so weiter. Das macht einen Riesenspaß und ist äußerst spannend und lehrreich – und bedeutet viel Arbeit! Für die nächsten Hörspiele kann es genauso viel Spaß machen und hilfreich sein, wenn du dir das eine oder andere Aufgabengebiet mit jemandem aufteilst. Es kann durchaus sinnvoll sein, wenn du dir einen extra ***Tontechniker*** *besorgst. So hast du die Möglichkeit, bei der Aufnahme ausschließlich auf die Interpretation zu achten, während der Tontechniker sich mit den Feinheiten des Sounds beschäftigen kann. Und vier Ohren hören mehr als zwei.*

Timing

Timing könnte man zum einen auch als Sprachrhythmus bezeichnen. Dabei geht es darum, wie schnell oder langsam der einzelne Sprecher seinen Text liest. Passt das zu seiner Rolle? Welchen Charakter gibt er damit seiner Rolle? Aber auch: Welche Pausen lässt er an welcher Stelle seines Textes? Mit Pausen kannst du zusätzlich zum eigentlichen Text eine große Spannung erzeugen – alle Zuhörer warten darauf, wie der Satz zu Ende geht und wie der nächste Satz weitergeht.

Zum anderen bezeichnet man mit »Timing« aber auch den Rhythmus im Zusammenspiel mehrerer Sprecher. Wie schnell antworten sie aufeinander? Fallen sie sich gegenseitig ins Wort oder lassen sie die Worte des anderen ins Leere laufen? Pausen können dem Text eine größere Bedeutung geben, sowohl den Sätzen vor der Pause als auch den Sätzen nach der Pause.

Vielleicht denkst du, dass du die Pausen auch nachträglich in der Postproduktion einfügen kannst. Teilweise kannst du das machen. In vielen Fällen klingt es aber sehr unnatürlich, wenn du eine Aufnahme mitten im Satz zerschneidest und an anderer Stelle wieder zusammenfügst. Achte lieber schon bei der Aufnahme auf das richtige Timing.

Ruhe bitte – deine erste Aufnahme!

Am Anfang zeige ich dir, wie man einfache Mono-Aufnahmen – also auf nur einer Spur – mit einem einfachen USB-Mikrofon macht. Später erkläre ich dir das Aufnehmen mit mehreren Spuren und anderer Hardware.

1. **Schließe das Mikrofon an deinen Rechner an, bevor du Audacity startest: einfach das USB-Kabel rein und fertig.**

Das gilt für alle Ein- und Ausstöpseleien: erst Kabel hineinstecken, dann Audacity öffnen, und erst Audacity schließen, dann das Kabel herausziehen. Das ist ein bisschen lästig, aber leider nicht zu ändern. Denke auch daran, dein Projekt zu speichern, bevor du das Mikrofon wieder abstöpselst.

2. **Öffne Audacity.**
3. **Nehme die wichtigsten Einstellungen über die Schaltfläche Audio-Einrichtung vor.**
4. **Wähle das angeschlossene Mikrofon als Aufnahmegerät aus – in meinem Beispiel ist es ein »USB Microphone«.**

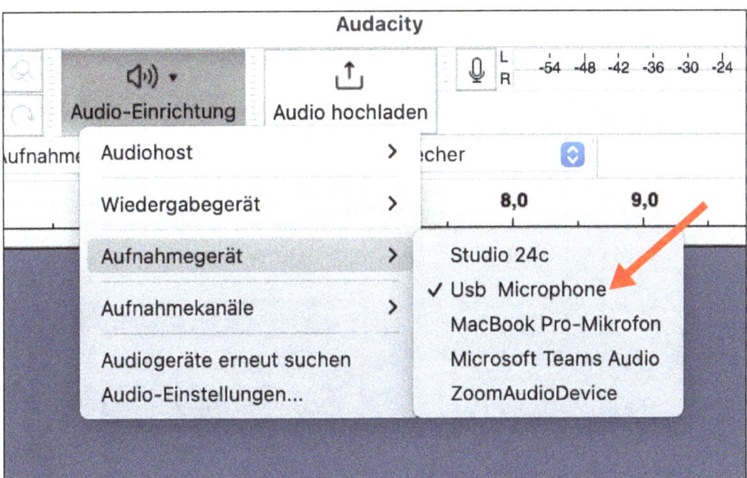

Je nachdem, welches Mikrofon du benutzt, kann dort auch ein anderer Name stehen.

5 Wähle aus, mit welchem Gerät du deine Aufnahmen anhören willst.

Wenn du Kopfhörer benutzt, schließt du sie an den Kopfhörerausgang deines Computers an und stellst als Wiedergabegerät »Externe Kopfhörer« ein.

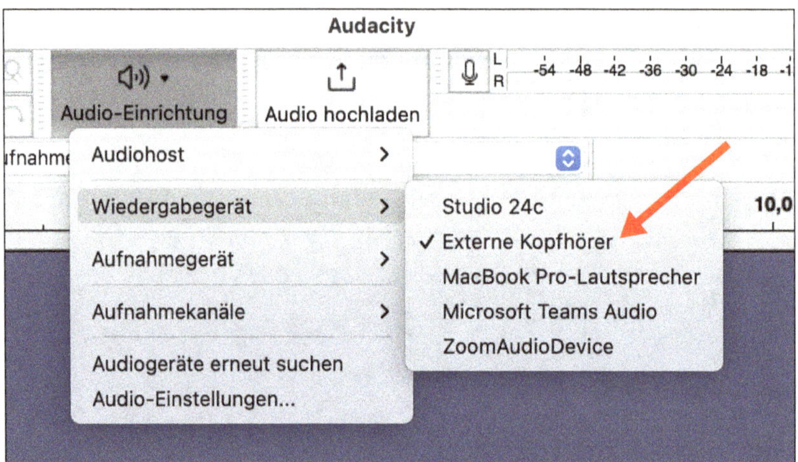

6 Lege die Anzahl der Kanäle fest, die du aufnehmen willst.

Du beginnst mit einer Mono-Spur, die für eine einfache Sprachaufnahme reicht. Dafür stellst du bei Aufnahmekanäle die Auswahl 1 (Mono) Aufnahmekanal ein.

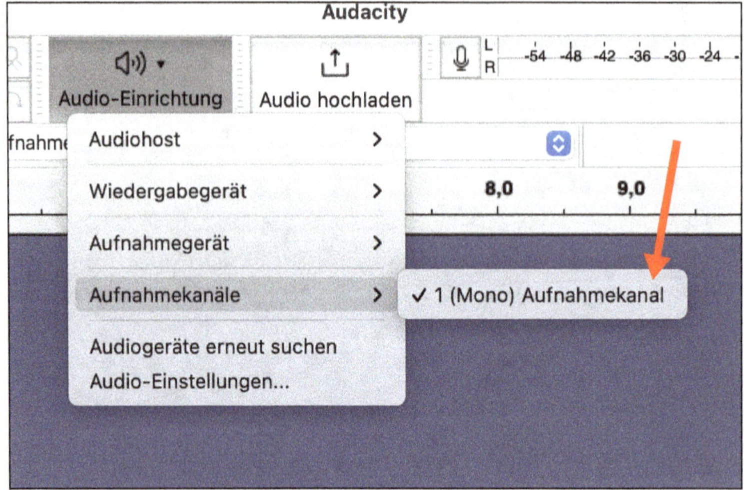

7 **Stelle die Aufnahmelautstärke ein.**

Das passiert in zwei Schritten. Klicke zuerst auf das obere Mikrofonsymbol in der Mitte und stelle Stille Überwachung aktivieren ein.

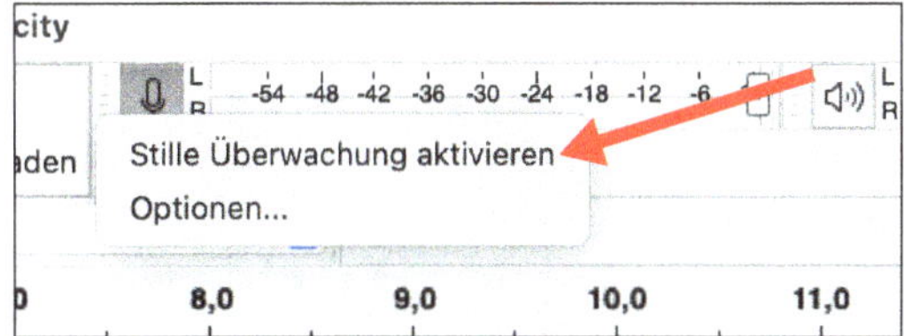

Wenn du jetzt sprichst, siehst du einen Ausschlag auf der danebenliegenden Skala, die von »-54« bis »0« reicht. Das ist der **Aufnahmepegel**. Du kannst ihn also jetzt schon mal mit den Augen überwachen. Mit dem Schieberegler stellst du den Pegel dann ein.

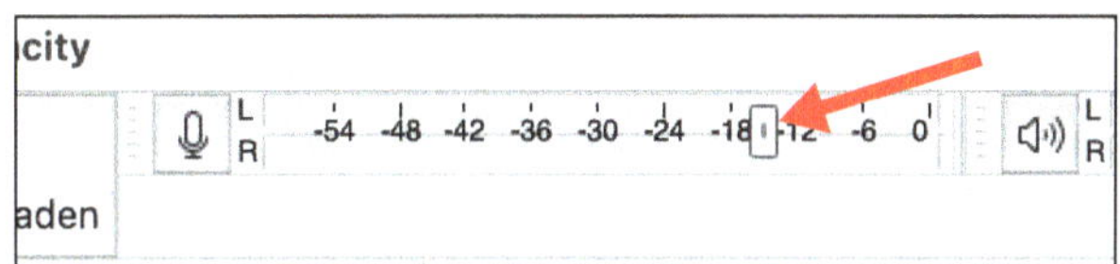

8 **Sprich deinen Text zur Probe.**

*Das ist der **Soundcheck**! Es ist sehr wichtig, dass du genauso sprichst, wie du es bei der eigentlichen Aufnahme auch tun willst, nicht lauter und nicht leiser. Behalte unbedingt die Skala im Auge: Der Ausschlag sollte immer im grünen Bereich, möglichst oft im gelben Bereich, aber niemals im roten Bereich sein. Denn dann ist die Aufnahme verzerrt und unbrauchbar!*

*Die Aufnahmelautstärke oder der **Aufnahmepegel** gibt an, wie laut deine Signale vom Computer aufgenommen werden. Die Aufnahmelautstärke hat nichts mit der **Abhörlautstärke** zu tun, also nichts damit, wie laut deine Aufnahme nachher in deinem Hörspiel oder deinem Podcast klingen soll.*

9 Starte die Aufnahme.

Klicke auf das rote runde Symbol in den Transportwerkzeugen (Aufnahme) – es bildet sich eine neue Tonspur und die Aufnahme läuft! Der Cursor bewegt sich von links nach rechts und zeichnet die Audiospur auf (das kannst du wörtlich nehmen und mitverfolgen!).

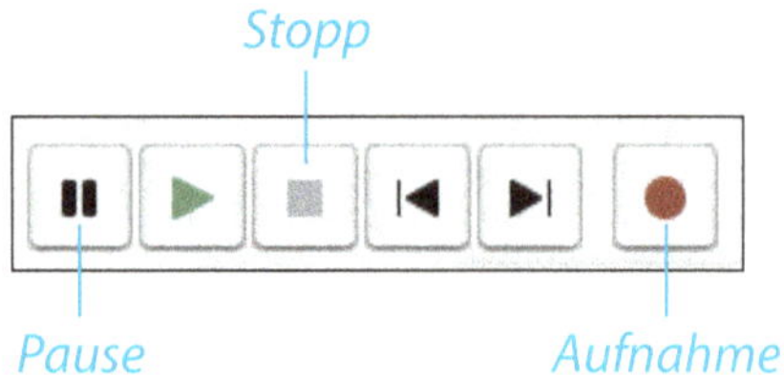

10 Halte die Aufnahme an.

Nachdem du deinen Text fertig gesprochen hast, klicke auf das schwarze Quadrat in den Transportwerkzeugen (Stopp). Die Aufnahme hält an. Du kannst aber auch auf den schwarzen Doppelstrich (Pause) klicken, damit machst du nur eine Pause in der Aufnahme. Um an der gleichen Stelle weiteraufzunehmen, klickst du noch mal auf den Doppelstrich, und es geht direkt weiter.

Audacity hat die Eigenart, dass du im Pausenmodus keine Bearbeitungen vornehmen kannst. Falls du also später mal in die Situation kommst, dass scheinbar nichts mehr geht: Checke den Pausenmodus und klicke gegebenenfalls direkt auf Stopp!

Du kannst in deinem Projekt auch weitere Aufnahmen machen. Je nach Voreinstellung öffnet Audacity bei jeder neuen Aufnahme eine neue Tonspur (außer wenn du Pause anstatt Stopp geklickt hast). Wenn du lieber in derselben Spur weiter aufnehmen möchtest, musst du in den Einstellungen von Audacity die Checkbox In neue Spur aufzeichnen anklicken. Dann kannst du den Cursor an deine gewünschte Stelle bewegen und von dort aus weiter aufnehmen.

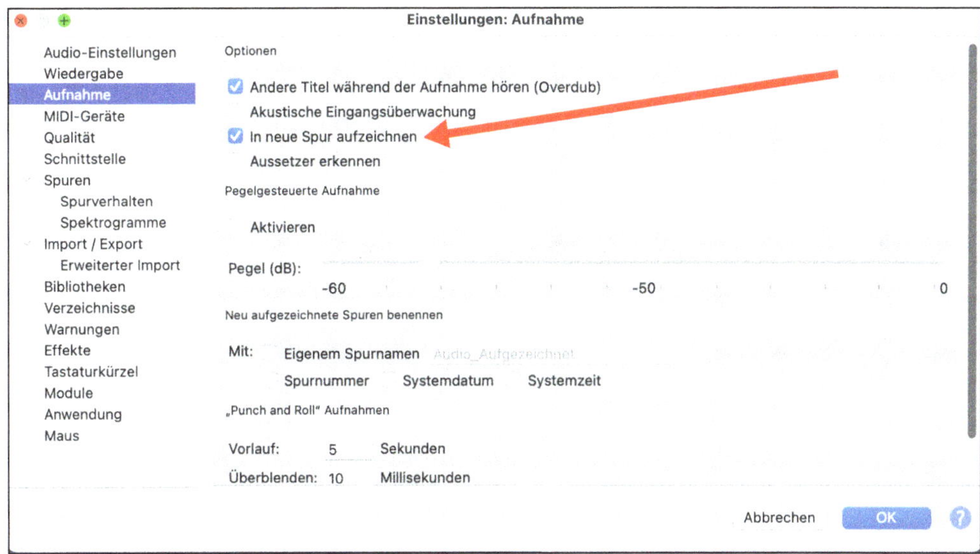

Du kannst aber auch selbst eine neue Tonspur anlegen, in der du dann weiterarbeitest. Das geht über Spuren, dann Neu hinzufügen und schließlich Monospur.

Es könnte sein, dass dir deine Stimme sehr ungewohnt und »ganz anders« vorkommt, wenn du sie das erste Mal auf einer Aufnahme hörst. Du denkst vielleicht, das bist gar nicht du, und es ist dir vollkommen peinlich, wie du dich anhörst. Das liegt daran, dass du dich beim normalen Sprechen auf zwei Arten gleichzeitig hörst. Erstens kommt deine Stimme aus deinem Mund, durch die Luft und dann an dein Ohr – so hören dich auch alle anderen Menschen (und so hörst du dich selbst auf der Aufnahme). Zusätzlich hörst du dich aber noch direkt durch die Schwingungen in deinem Kopf, das nennt man ***Körperschall****. Und diesen speziellen Mix hörst du beim normalen Sprechen. Alle anderen werden dir bestätigen, dass du dich »ganz normal« anhörst – und sie selbst stattdessen »ganz furchtbar«. Du wirst dich sehr schnell daran gewöhnen, und dann wird dir deine Stimme auf der Aufnahme bald so vertraut sein wie dein Bild im Spiegel.*

Speichern

Jetzt solltest du deine Aufnahme erst einmal speichern. Audacity speichert deine Arbeitsoberfläche, alle Aufnahmen, Effekte und Bearbeitungen als eine einzige Datei mit dem Anhang (**Suffix**) »aup« ab. Klicke dafür auf Datei, dann auf Projekt speichern, dann auf Projekt speichern unter …

Es öffnet sich ein neues Dialogfenster.

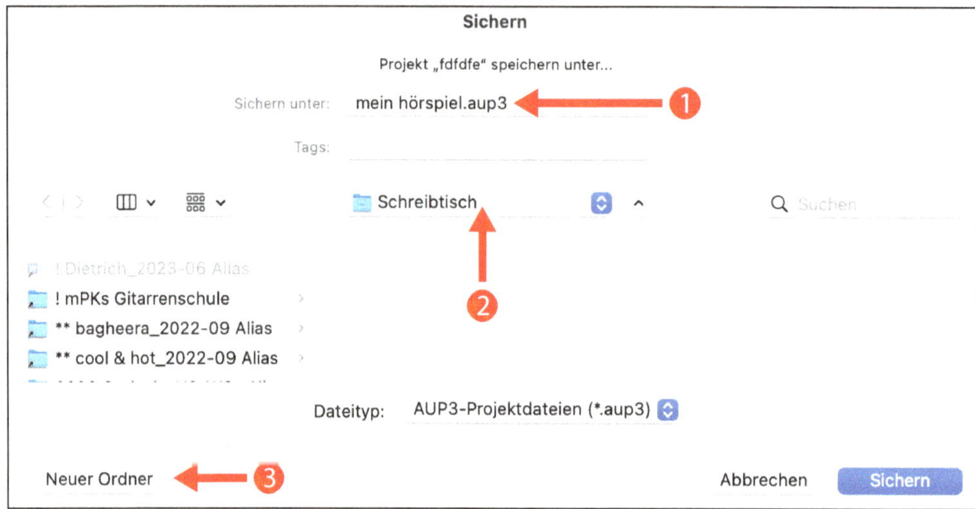

1. **Wähle im Feld Sichern unter einen Namen für dein Projekt aus.**

   Merke dir genau den Namen und wo du dein Projekt speicherst, damit du später nicht zu viel Zeit und Nerven mit dem Suchen verlierst. Du kannst dein Projekt auch erst einmal auf dem Schreibtisch speichern.

2. **Wähle den Ort auf deinem Computer aus, wo du dein Projekt speichern willst.**

   In diesem Fall habe ich den Schreibtisch gewählt.

3. **Klicke auf Neuer Ordner.**

   Hiermit legst du am besten einen neuen übergeordneten Projekt-Ordner für dein Hörspiel an – der kann dir später noch nützlich sein.

4 Benenne diesen neuen Ordner wie dein Projekt und speichere alles darin.

Wähle schon jetzt einen sinnvollen Namen aus, der etwas über dein Projekt aussagt. Wenn du irgendeinen Fantasienamen benutzt und ihn vergisst, könnte es leicht passieren, dass du später ewig lange suchen musst, um dein Projekt wiederzufinden.

Hörkontrolle

Mach nach jeder Aufnahme – oder auf Englisch **Take** – eine Hörkontrolle. Setz dir deinen Kopfhörer auf und schließe die Augen, damit du dich besser auf dein Gehör konzentrieren kannst. Prüfe die Aufnahme nach diesen Kriterien:

» Sind alle Worte und Sätze richtig und verständlich?

Das Problem ist, dass du selbst den Text ja inzwischen sicherlich in- und auswendig kennst. Du hast ihn schließlich selbst geschrieben und bestimmt schon x-mal gesprochen und gehört. Versuche trotzdem genauso wie jemand zu hören, der den Text zum ersten Mal hört. Achte mehr auf einen guten Sound als auf den Inhalt.

» Stimmen die Betonungen und ist der Text richtig interpretiert, sind die Stimmungen und Gefühle richtig getroffen? Stimmt das Timing? Wenn du dir unsicher bist, könntest du auch verschiedene Varianten ausprobieren.

» Falls Versprecher oder Fehler im Text vorkommen: Gibt es eine vollständige Version, die du später neu zusammenschneiden kannst?

» Ebenfalls bei Versprechern und Fehlern: Wenn ein Sprecher einen Satz noch mal von vorne anfängt, passt der neue Anfang gefühlsmäßig zum Ende des vorherigen Satzes oder klingt das sehr unnatürlich zusammen?

» Ist die Aufnahme gut ausgesteuert? Die Aufnahme sollte so laut wie möglich sein, darf aber auf keinen Fall verzerrt klingen. Nachdem du beim Aufnehmen die Aufnahmelautstärke per Sichtkontrolle überwacht hast, prüfst du die Aufnahme jetzt noch mal mit den Ohren. Zwar kann man leise Aufnahmen in der Postproduktion einfach lauter stellen. Damit werden aber auch alle anderen Nebengeräusche lauter, die mit auf der Aufnahme sind.

» Sind Nebengeräusche auf der Aufnahme?

Wenn du in deinem Zimmer arbeitest, gibt es da oft viele Nebengeräusche, die du aus Gewohnheit vielleicht gar nicht mehr wahrnimmst: die Straße, die Musik nebenan, deine Eltern und noch so einiges. Und auch die Lüftung deines Computers kann manchmal ganz schön laut sein. Um auch leiseste Störgeräusche in deinen Aufnahmen zu entdecken, müsstest du deine externen Lautsprecher also sehr laut machen, damit sie diese Geräusche übertönen. Mit den kleinen internen Lautsprechern in deinem Computer kannst du erst recht nicht genau hören. Am besten hörst du in dieser Phase also wirklich mit Kopfhörern.

Wenn du einen Take nicht ganz so gelungen findest, wiederhole ihn einfach so oft, bist du wirklich mit ihm zufrieden bist. Versuche, immer in der ähnlichen Stimmung und mit der gleichen Energie zu sprechen. Viele Takes werden dich irgendwann langweilen, dann klingst du müde. Mach dann lieber erst einmal eine Pause!

Da du dein eigener Produzent bist und nicht bei jeder Aufnahme für viel Geld ein Tonstudio mieten musst, kannst du zu jedem beliebigen Zeitpunkt Aufnahmen ausbessern. Auch während der Postproduktion kannst du einfach dein Mikrofon wieder anschließen, aufnehmen und die Aufnahmen in Audacity einfügen. Bei solchen Ausbesserungen solltest du darauf achten, dass die Anschlüsse stimmen, dass sich also der fertig zusammengeschnittene Text natürlich anhört. Im Laufe der Zeit wirst du ein gutes Gehör und viel Geschick dafür entwickeln.

Auch wenn es dir am Anfang überflüssig oder sogar lästig vorkommen sollte – das aufmerksame Hören und die Hörkontrolle sollten dir in Fleisch und Blut übergehen. Ganz selbstverständlich sollte immer wieder dieser Prozess stattfinden: Soundcheck mit Lautstärkeüberwachung, Aufnahme, Hörkontrolle.

Du kannst aber auch während des Aufnehmens die Lautstärke mit den Ohren überwachen. Gerade wenn du einen extra Tontechniker hast, der nur auf den Sound achtet, ist das sehr vorteilhaft. Vielleicht hast du auch schon mal beobachtet, wie ein Regisseur bei Filmaufnahmen die Dreharbeiten lieber am Monitor mitverfolgt, als wirklich die Schauspieler zu beobachten. Das hilft ihm, sich vorzustellen, wie der Zuschauer eine Szene später wirklich sieht. So ähnlich kannst du es dir beim Hörspielmachen auch vorstellen: Du hörst genauer, wie ein Text durch ein Mikrofon gesprochen klingt und wirkt.

Dafür musst du einige Einstellungen vornehmen.

1. **Klicke auf Audacity, dann auf Einstellungen und dann auf Aufnahme.**
2. **Setze in dem Dialogfenster bei Akustische Eingangsüberwachung ein Häkchen in der Box.**

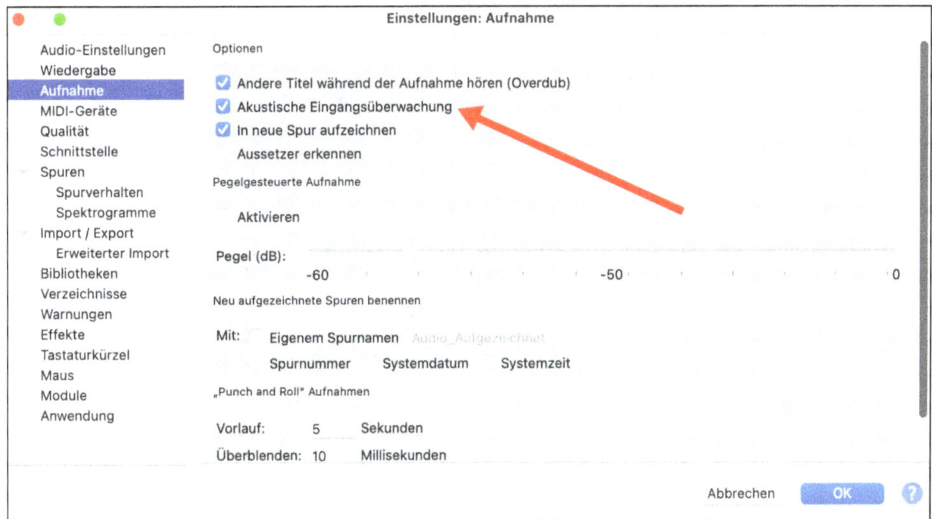

Das bedeutet, dass dein Mikrofonsignal jetzt durch den Rechner läuft und an deinen Kopfhörer weitergeleitet wird.

3. **Klicke OK.**
4. **Klicke jetzt auf das Mikrofonsymbol im Audacity-Fenster, dann auf: Stille Überwachung aktivieren.**

Im Kopfhörer hörst du jetzt deine eigene Stimme (oder die der anderen Sprecher). Das kann erst einmal ein bisschen ungewohnt sein, aber das geht schnell vorüber. Vielleicht nimmst du auch eine minimale Verzögerung wahr, wie ein ganz leichtes Echo. Du hörst sowohl deine Stimme direkt innerhalb deines Kopfes als auch indirekt und leicht verzögert durch den Computer und die Kopfhörer. Auch daran wirst du dich schnell gewöhnen. Wenn du in einer Szene nur Tontechniker bist und nicht selbst sprechen musst, ist das sowieso kein Problem.

*Diese Verzögerung nennt man **Latenz**. Sie entsteht dadurch, dass das Aufnahmesignal erst einmal digital umgewandelt wird, damit dein Computer es benutzen kann. Dann wird es im Computer verarbeitet und schließlich am Kopfhörerausgang wieder in ein analoges Signal zurückgewandelt. Das dauert je nach Computer zwar nur wenige Millisekunden, aber trotzdem kannst du das manchmal hören. Mit einem externen Audio-Interface gibt es dieses Latenz-Problem nicht. Dort hast du die Möglichkeit, das Mikrofonsignal für deinen Kopfhörer abzuzweigen, bevor es durch den Rechner läuft.*

Wenn du auf diese Art aufnehmen willst, musst du auf jeden Fall mit Kopfhörern arbeiten! Wenn du deine Lautsprecher angeschlossen und aufgedreht hast, gibt es ein lautes, unangenehmes Pfeifen, eine **Rückkopplung** (oder Englisch **Feedback**). Dein Mikrofonsignal kommt aus dem Lautsprecher, dann direkt wieder ins Mikrofon, dann wieder in den Lautsprecher, dann wieder ins Mikrofon und so weiter. Es wird in einer Endlosschleife immer wieder verstärkt und es pfeift höllisch!

Um das zu vermeiden, könntest du deine Sprecher mit dem Mikrofon aber auch in einen zweiten Raum schicken, wie in einem professionellen Tonstudio!

Zu einer vorhandenen Spur aufnehmen: Overdub

Vielleicht hast du schon eine oder mehrere Spuren aufgenommen und willst jetzt eine neue Spur aufnehmen, die alten Spuren aber gleichzeitig hören. Stell dir vor, deine Szene spielt in einem dunklen, unheimlichen Wald und du willst selbst einsam und ängstlich klingen. Oder dein Charakter ist auf einem Jahrmarkt und ganz aufgeregt wegen der vielen Karussells, Schießbuden und Süßigkeitenstände. Vielleicht hilft es dir bei der Interpretation deiner Rolle, wenn du im Hintergrund schon die richtige Atmosphäre hörst: das Rauschen der Blätter, unheimliche Tiere, Wind. Oder eben die Musik auf dem Jahrmarkt, die Unterhaltung der anderen Menschen, die Ankündigungen der Tombola. Auch wenn du zu deinem Lieblingssong singen willst, brauchst du diese Einstellung. Hier musst du immer mit dem Kopfhörer arbeiten.

Hierfür musst du Einstellungen vornehmen, wenn du es nicht schon am Anfang im Kapitel »Das brauchst du« gemacht hast:

1. **Klicke auf Audacity, dann auf Einstellungen und dann auf Aufnahme.**

2 **Setze in dem Dialogfenster Einstellungen: Aufnahme ein Häkchen in der Box Andere Titel während der Aufnahme hören (Overdub).**

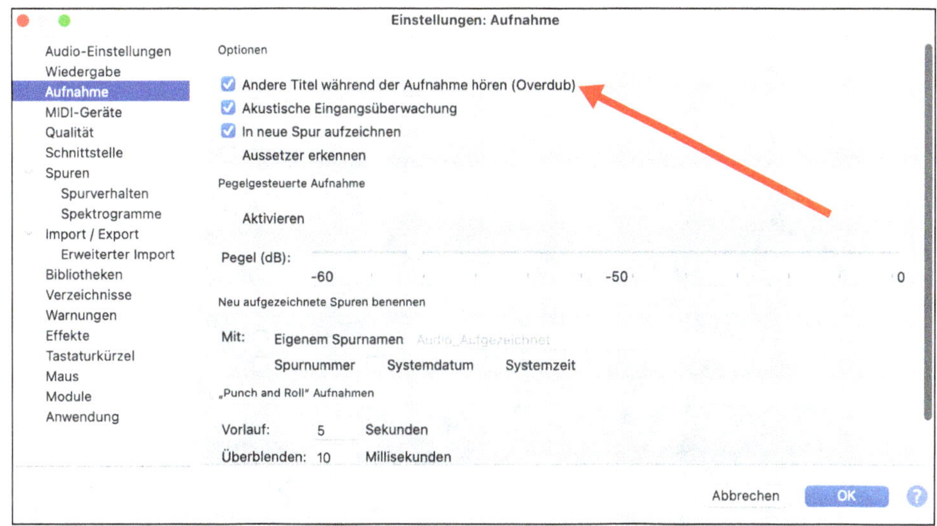

3 **Klicke OK.**

Wenn du oft zwischen diesen beiden Arten der Aufnahme wechseln willst, empfehle ich dir Overdub *als Grundeinstellung. Du kannst dann nämlich auf der Arbeitsoberfläche von Audacity die anderen Spuren in ihrem Spurkopf vorübergehend stummschalten (Englisch* ***Mute****). Dann öffnest du eine neue Spur und nimmst an der gewünschten Stelle deinen Text auf – mit oder ohne Atmosphäre im Hintergrund.*

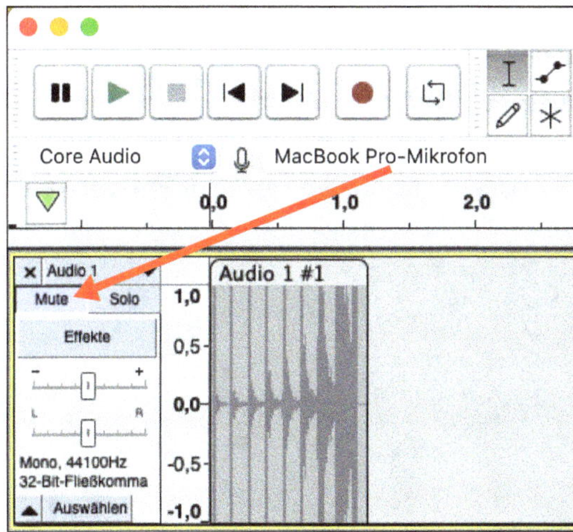

Kapitel 5
Aufnehmen für Profis

Jetzt zündest du die zweite Stufe deiner Audio-Rakete. Der kleine Profi in dir will einen Schritt weiter? Dann los! In diesem Kapitel erkläre ich dir, wie du deine Hörspiel- und Podcast-Produktion eine Nummer professioneller gestalten kannst. Es kommen weitere externe Geräte zum Einsatz, die dir helfen, deinen Sound zu verbessern und mit denen es sich auch super arbeiten lässt, wenn du mehrere Sprecher auf einmal aufnehmen willst. Außerdem gebe ich dir einige Tipps, wie du ganz eigene, unverwechselbare Geräusche herstellen kannst.

Aufnahmen mit einem Handheld-Rekorder

Im Kapitel »Das brauchst du« habe ich schon erklärt, was ein Handheld-Rekorder ist. Den kannst du als sehr gutes Mikrofon direkt für Audacity benutzen. Dann brauchst du kein weiteres Mikrofon mehr. Du kannst damit auch zwei Spuren gleichzeitig aufnehmen. Außerdem kannst du ihn als eigenständiges Aufnahmegerät benutzen, zum Beispiel wenn du Aufnahmen auf der Straße machen möchtest.

Handheld-Rekorder als Mikrofon für Audacity

In diesem Kapitel möchte ich dir erklären, worauf du achten musst, wenn du einen Handheld-Rekorder als Mikrofon für Audacity benutzt. Als Beispiel verwende ich ein Gerät der Firma Zoom, es heißt H2n.

Genau genommen ist der H2n nicht nur ein Mikrofon, sondern gleichzeitig auch noch ein Audio-Interface. Es wandelt deine Signale digital um, damit der Computer sie verarbeiten kann. Auch das Audio-Interface im H2n hat eine viel bessere Qualität als die Geräte, die in deinem Computer stecken.

Der H2n ist mit etwa 140 € relativ preiswert und eine wirklich sehr gute Möglichkeit, dein Equipment und damit die Qualität deines Hörspiels zu verbessern. Du kannst mit dem H2n entweder eine Spur einzeln oder zwei Spuren gleichzeitig aufnehmen.

Ich zeige dir jetzt, wie du zwei Spuren gleichzeitig aufnimmst, beispielsweise um einen Dialog oder ein Interview mit zwei Sprechern aufzunehmen. **Diese Aufnahmeart eignet sich auch sehr gut für einen Podcast**, wenn du zum Beispiel einen Interview-Partner hast, mit dem du sprechen willst.

Schau noch mal weiter vorne im Buch nach, welche Vorteile die verschiedenen Aufnahmesettings haben.

Baue als Erstes den H2n auf einem Mikrofonständer zwischen den beiden Sprechern auf. Dann stellt sich eine Person auf die eine und die andere auf die andere Seite des Geräts (dort wo »2ch« und »4ch« steht). Idealerweise habt ihr auch noch zwei Poppkiller zur Hand.

1. **Schließe den H2n per USB an deinen Computer an.**

   Auf seinem Display erscheint ein Dialog: SD Card Reader und Audio I/F (für Audio-Interface)

2. **Wähle Audio I/F an, indem du mit dem Play-Rad scrollst und danach auf das Play-Rad drückst.**

   Ein neuer Dialog erscheint auf dem Display: Stereo Mix und Multi Track.

3. **Wähle Stereo Mix aus, indem du mit dem Play-Rad scrollst und danach auf das Play-Rad drückst.**

4. **Drehe das Mikrofon-Einstellrad vorsichtig mit der Fingerspitze auf »2ch«.**

5. **Öffne erst jetzt Audacity.**

6 **Wähle bei Audio-Einrichtung und Aufnahmegerät den H2n aus.**

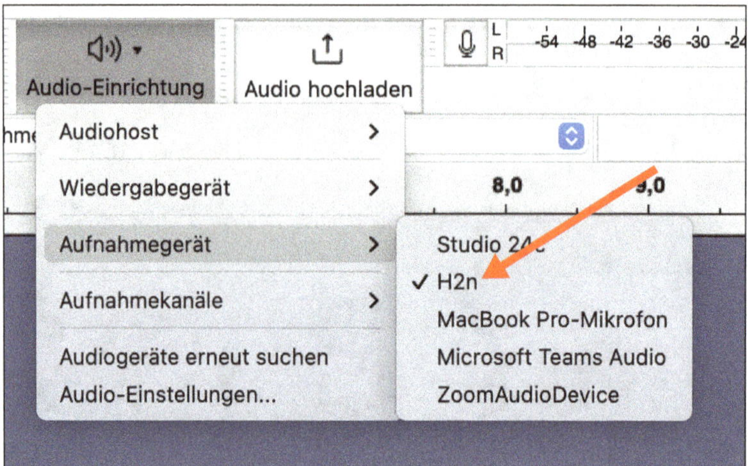

7 **Wähle bei Audio-Einrichtung und Wiedergabegerät aus, mit welchem Gerät du deine Aufnahmen anhören willst.**

Klicke auf MacBook Pro-Lautsprecher. Du hörst weiterhin mit deinem Computer ab. Wenn du schon Kopfhörer oder Lautsprecher angeschlossen hast, musst du natürlich die anwählen.

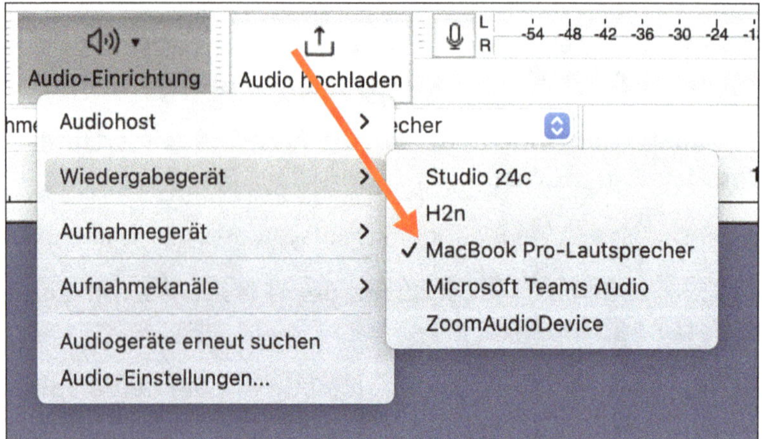

8 **Lege die Anzahl der Kanäle fest, die du aufnehmen willst.**

Wähle 2 (Stereo) Aufnahmekanäle.

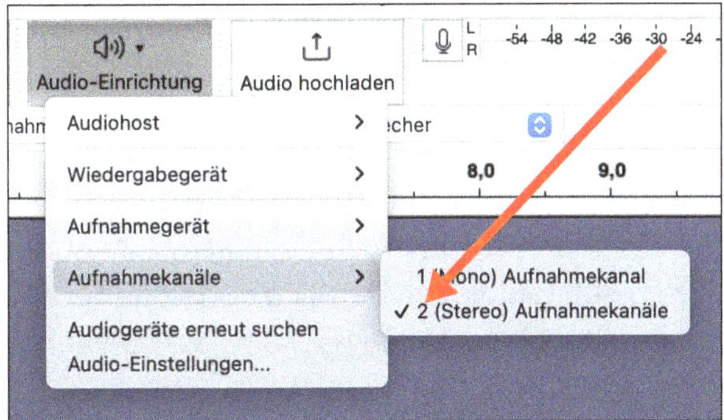

9 Stelle die Aufnahmelautstärke ein (Soundcheck).

Die Lautstärke stellst du jetzt am H2n ein. Benutze dazu das Mic-Gain-Rad. Die Überwachung findet aber immer noch auf der Audacity-Arbeitsoberfläche statt. Du kannst sehen, dass es sowohl auf den beiden Kanälen (links/rechts) des H2n-Displays als auch auf den beiden Kanälen in der Überwachung in Audacity verschiedene Ausschläge gibt, je nach Lautstärke des Sprechers.

Je nachdem, mit welcher Version von Audacity du arbeitest und ob du macOS oder Windows benutzt, könnte es sein, dass du die Aufnahmelautstärke an zwei Stellen einstellen musst: erst am H2n, danach zusätzlich auch in Audacity.

10 Starte die Aufnahme.

11 Halte die Aufnahme an.

Du siehst jetzt eine Stereo-Spur mit zwei Wellenformen und verschieden starken Ausschlägen, oben der eine Sprecher und unten der andere.

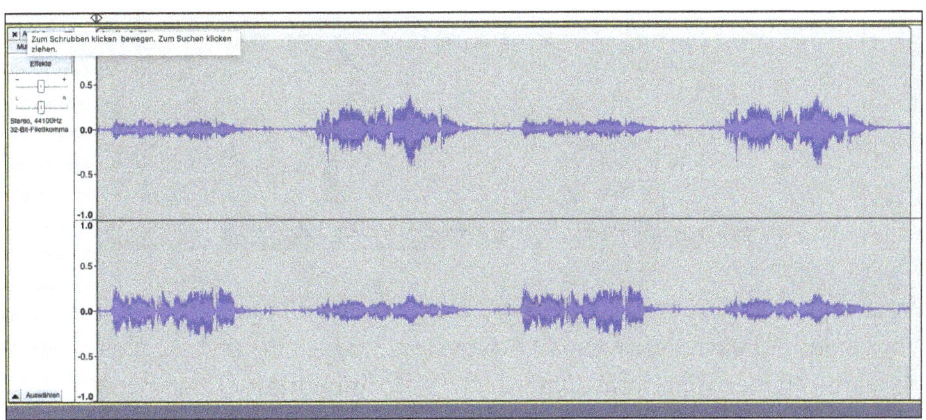

Die Ausschläge in der Audiospur nennt man ***Wellenform****, oder auf Englisch* ***Waveform.***

In einer Stereo-Spur zeigt die obere Teil-Spur die linke Seite in deinem Kopfhörer oder Lautsprecher an, und die untere zeigt die rechte Seite an.

Zwar ist auf der jeweils anderen Spur auch noch etwas zu hören, aber sie unterscheiden sich in ihrer Lautstärke doch deutlich voneinander. Im nächsten Schritt kannst du diese Stereo-Spur in zwei Mono-Spuren auftrennen.

1. **Klicke im Spurkopf auf Auswählen, um die Spur zu markieren.**
2. **Klicke im Spurkopf auf Audio 1.**

   Es öffnet sich eine Drop-down-Liste.
3. **Klicke auf Stereo zu Mono aufteilen.**

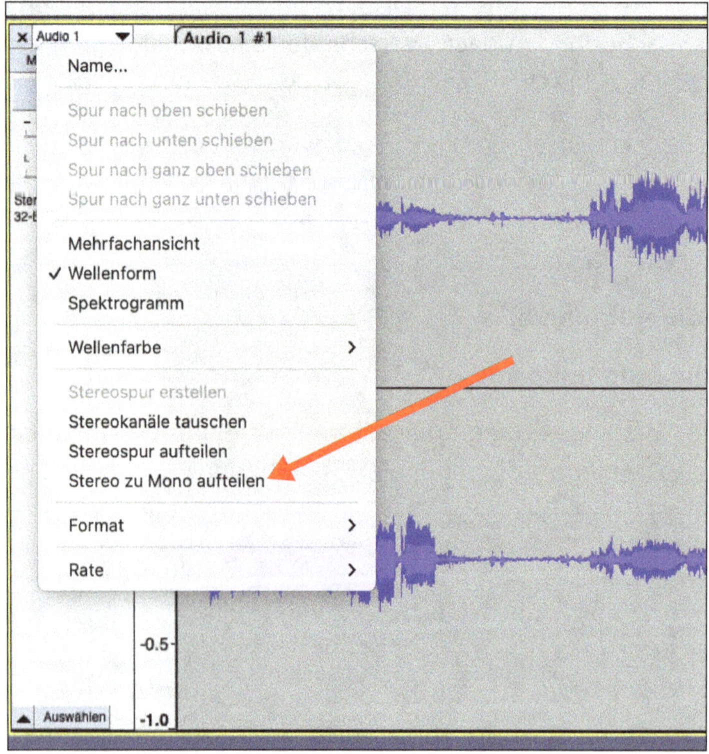

Jetzt sind zwei Mono-Spuren entstanden, die du vollkommen unabhängig voneinander bearbeiten kannst! Am besten, du beschriftest sie gleich mit den richtigen Namen, damit du später nicht durcheinandergerätst. Wie das mit dem

Namen funktioniert, beschreibe ich weiter hinten im Buch im Kapitel »Die Postproduktion – Effekte, Geräusche, Musik – fertig!«.

Handheld-Rekorder als eigenständiges Aufnahmegerät

Mit dem H2n kannst du auch ohne weiteres Equipment sofort aufnehmen. Er speichert die Aufnahmen auf einer Speicherkarte, die du später mit einem Kartenlesegerät einlesen kannst. Oder du schließt den Rekorder per USB an deinen Rechner an, dann funktioniert er wie eine externe Festplatte.

Ich habe mit dem H2n schon sehr viele **Atmos** (kurz für »atmosphärische Hintergrundstimmungen«) aufgenommen: im Schwimmbad, im Fußballstadion, im Wald, an der Straße, in der Kirche, im Bahnhof und viele mehr. Der H2n nimmt in sehr guter Qualität auf. Wie man ihn im Einzelnen bedient und welche vielfältigen Möglichkeiten er hat, liest du am besten in der Bedienungsanleitung nach. Als Nächstes erkläre ich dir die ersten Schritte zu einer einfachen Aufnahme ohne Audacity.

1. **Schalte das Gerät am Ein-Aus-Schalter an.**

   Es ist direkt in Aufnahmebereitschaft und im Display bewegt sich schon die Pegelanzeige.

2. **Drehe das Mikrofon-Einstellrad auf »XY«.**

   Das ist eine bestimmte Art, Stereo-Signale aufzunehmen. Die Geräusche und Atmos, die du für dein Hörspiel aufnehmen willst, sollten immer Stereo sein, das klingt echter. Falls du dich später dazu entscheidest, dass ein Geräusch doch Mono sein soll, kannst du das nachträglich in Audacity verändern.

3. **Schließe einen Kopfhörer an die Kopfhörer-Buchse an.**

4. **Stelle die Aufnahmelautstärke mit dem Mic-Gain-Rad ein: Soundcheck!**

   Achte wieder darauf, dass du einen guten Durchschnittspegel hast: laut aufgenommen, aber nicht verzerrt. Das ist bei Atmos ein bisschen schwieriger, weil du die Geräusche nicht selbst kontrollieren kannst. Experimentiere ein bisschen rum und mach lieber zu viele als zu wenige Aufnahmen. Kontrolliere die Aufnahmelautstärke sowohl mit den Augen am Ausschlag auf dem Display als auch mit dem Kopfhörer. Die Lautstärke deines Kopfhörers kannst du mit dem Lautstärke-Regler Volumen extra regeln, ohne dass die Aufnahme davon beeinflusst wird.

5. **Drücke die Aufnahme-Taste, um die Aufnahme zu starten.**
6. **Drücke die Aufnahme-Taste, um die Aufnahme zu stoppen.**
7. **Drücke das Play-Rad, um die Aufnahme anzuhören.**

Hier noch eine kleine Checkliste für eine gute Aufnahme:

- Halte das Gerät sehr ruhig. Jede Bewegung deiner Hand wird mit aufgenommen und macht die Aufnahme unbrauchbar. Du kannst es auch irgendwo ablegen, nachdem du alles eingestellt und die Aufnahme gestartet hast.
- Achte darauf, dass es nicht zu windig ist. Such dir eine ruhige Ecke, wo kein Wind hinkommt. Oder benutze einen speziellen Windschutz. Kontrolliere die Aufnahme mit dem Kopfhörer.
- Weil die Aufnahme von Atmos schwierig ist, nimm lieber mehr und länger auf, als du es eigentlich bräuchtest. Oft merkst du erst bei der Postproduktion, welchen Teil der Aufnahme du wirklich verwenden kannst und willst.
- Denk darüber nach, ob du ein Geräusch eher aus der Nähe oder eher aus der Ferne hören willst. Oder du nimmst das Geräusch aus verschiedenen Entfernungen auf. Dann kannst du später entscheiden, welches am besten in dein Hörspiel passt.
- Speziell für das H2n gibt es ein kleines Zubehörpaket (das du aber extra kaufen musst). Es enthält zusätzliches Equipment, das dir helfen kann, deine Aufnahmen zu verbessern: Windschutz, Handgriff, Fernbedienung, Kabel und einiges mehr.

Es gibt sehr viele verschiedene Handheld-Rekorder, die alle ähnliche Funktionen haben und ähnlich zu bedienen sind. Und sie sind unterschiedlich teuer. Damit so ein Gerät für dein Hörspiel aber wirklich von Nutzen ist, sollte es über einen USB-Anschluss verfügen. Es sollte auch die Mikrofonfunktion und die Audio-Interface-Funktion haben.

Aufnahmen mit einem Audio-Interface

Ein Audio-Interface gehört definitiv in den Profibereich, aber vielleicht hast du ja irgendwann einmal die Gelegenheit, mit einem solchen Gerät zu arbeiten. Beispielsweise in einem Projekt in deiner Schule, wenn ein engagierter Lehrer solches Equipment angeschafft hat.

An einem **Audio-Interface** kannst du mehrere Mikrofone anschließen, zwei, vier oder sogar acht Stück! Du kannst sie einzeln in der Lautstärke regeln und auf einzelne Spuren in Audacity aufnehmen (dafür benutzt du dann allerdings keine USB-Mikrofone, sondern andere, die einen anderen Stecker haben und eine Stufe professioneller sind!). In dieser Skizze siehst du die Verkabelung für ein vierkanaliges Audio-Interface. Die vier Signale kannst du dann auch einzeln bearbeiten. Du kannst mehrere Kopfhörer anschließen und zusätzlich noch ein paar Lautsprecher. Die Soundqualität ist sehr gut. Der wahre Hörspiel-Luxus!

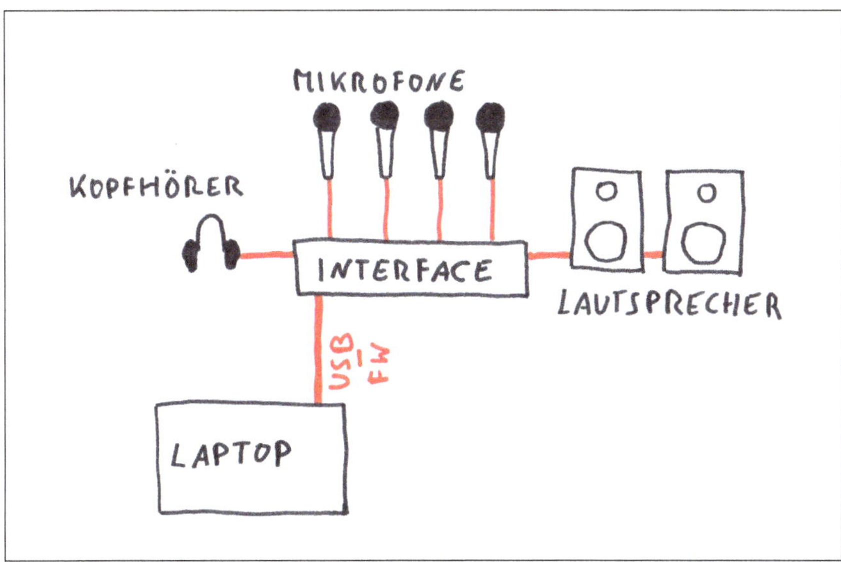

Ich arbeite zu Hause meistens mit einem zweikanaligen Interface, es heißt Studio 24c, hier siehst du eine Abbildung von einem Gerät, das so ähnlich aussieht.

Auch wenn die Geräte auf den ersten Blick unübersichtlich erscheinen, gehst du mit ihnen ähnlich um wie mit einem externen USB-Mikrofon oder einem Handheld-Rekorder. Du musst nur alle Einstellungen zweimal, viermal oder eben achtmal vornehmen und kontrollieren.

Wir bleiben aber hier bei einem zweikanaligen Interface.

1. **Schließe das Interface per USB an deinen Rechner an.**
2. **Schließe zwei Mikrofone an das Interface an.**
3. **Starte Audacity.**
4. **Wähle bei Audio-Einrichtung und Aufnahmegerät jetzt Studio 24c aus.**

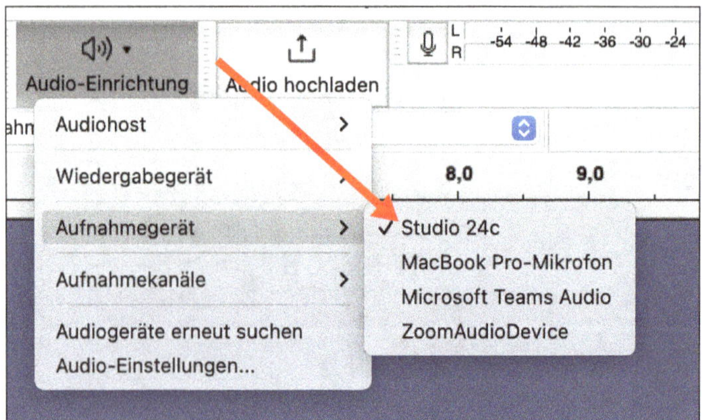

So heißt das Gerät, mit dem ich zu Hause arbeite. Je nachdem welches Audio-Interface du benutzt, kann dort natürlich auch ein anderer Name stehen.

5 Wähle bei Audio-Einrichtung und Wiedergabegerät ebenfalls Studio 24c aus.

Auch hier kann natürlich auch ein anderer Name stehen. Der Kopfhörer und die Lautsprecher an deinem Computer sind jetzt ausgeschaltet, und du verkabelst sie mit deinem Interface.

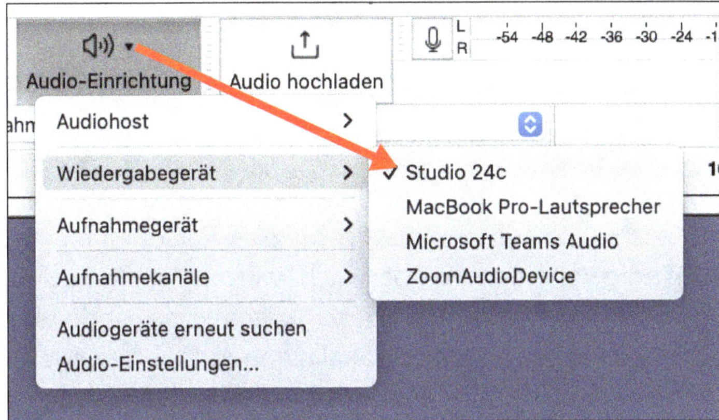

6 Lege die Anzahl der Kanäle fest, die du aufnehmen willst.

Mit einem zweikanaligen Interface kannst du auch zwei Kanäle gleichzeitig aufnehmen. Wähle in Audio-Einrichtung und Aufnahmekanäle jetzt 2 (Stereo) Aufnahmekanäle aus. Wenn du ein Interface mit noch mehr Kanälen und Mikrofonen hast, kannst du hier vier oder acht Aufnahmekanäle einstellen.

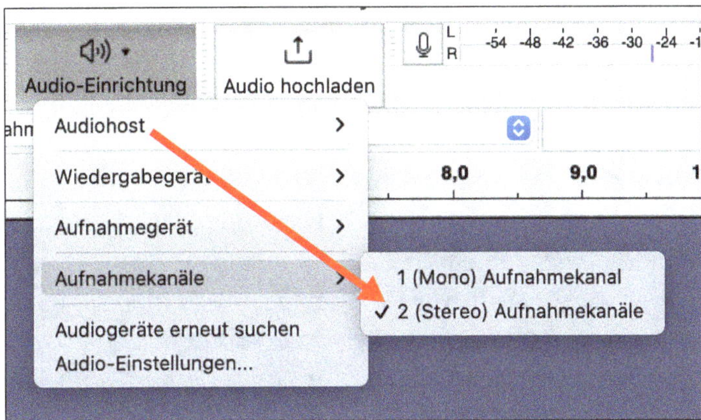

7 Stelle die Aufnahmelautstärke ein.

Das passiert in zwei Schritten. Klicke zuerst auf das Mikrofonsymbol in Audacity und stelle Stille Überwachung aktivieren ein.

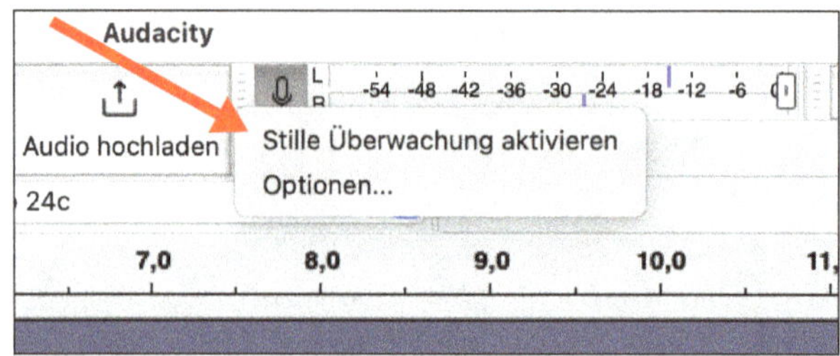

Jetzt können also die Aufnahmepegel für zwei Personen mit zwei Mikrofonen unabhängig voneinander überwacht werden – jede Person steht vor ihrem eigenen Mikrofon. Wenn sie jetzt sprechen, siehst du einen Ausschlag auf der daneben liegenden Skala, den Aufnahmepegel. Du kannst den Aufnahmepegel also schon mal mit den Augen überwachen.

Als zweiten Schritt stellst du die Aufnahmelautstärke für jedes Mikrofon einzeln am Interface ein, denn jedes Mikrofon hat dort einen eigenen Lautstärkeregler! Mach wieder einen sorgfältigen Soundcheck. Gehe dann wie bei den anderen Aufnahmearten vor: Aufnahme starten, Aufnahme stoppen, Hörkontrolle und so weiter.

Nicht wundern: Audacity nimmt bei zweikanaligen Interfaces eine Stereo-Spur auf. Du kannst sie wie bei der Aufnahme mit dem Handheld-Rekorder hinterher im Spurkopf in zwei unabhängige Monospuren aufteilen.

Für deine gesamte Arbeit am Hörspiel, sowohl beim Schreiben der Geschichte als auch bei den Aufnahmen und in der Postproduktion, gilt: Speichere dein Projekt immer mal wieder ab! Es ist sehr ärgerlich, wenn du lange daran gesessen hast, und plötzlich dein Computer abstürzt und du alles noch mal von vorne machen musst. Du kannst deine Produktion auch immer mal wieder unter einem neuen Namen speichern, beispielsweise `Mein Hörspiel_01`, `Mein Hörspiel_02` *und so weiter. Dann kannst du immer wieder auch auf ältere Versionen zugreifen, wenn dir die letzten Bearbeitungsschritte überhaupt nicht gefallen haben sollten. Wenn du ganz auf Nummer sicher gehen willst, kannst du am Ende eines Tages auch mal eine Sicherheitskopie außerhalb deines Computers anlegen, zum Beispiel auf einem USB-Stick oder einer externen Festplatte.*

Geräusche selber machen und aufnehmen

Es gibt Internetplattformen, von denen du Geräusche herunterladen und in dein Hörspiel einbauen kannst. Darüber erzähle ich dir im Kapitel »Die Postproduktion – Effekte, Geräusche, Musik – fertig!« noch mehr. Es ist aber auch sehr spannend und macht viel Spaß, selbst Geräusche zu machen und aufzunehmen.

Atmosphärische Stimmungen (Atmos)

Weiter vorne bei »Handheld-Rekorder als eigenständiges Aufnahmegerät« habe ich dir schon erklärt, wie du eine gute Atmo-Aufnahme mit dem Handheld-Rekorder machst. Genauso kannst du aber auch dein Smartphone benutzen, auch wenn die Aufnahmequalität nicht so gut ist. Wichtig wäre allerdings, dass dein Smartphone auch Stereo aufnehmen kann.

Mach immer mehr Aufnahmen, als du brauchst, damit du in der Postproduktion entscheiden kannst, welche Aufnahme am besten passt. Auch sollten die Aufnahmen sehr verschieden sein: näher dran, weiter weg, verschiedene Flüsse, verschiedene Bahnhöfe, verschiedene Tageszeiten im Wald, verschieden stark befahrene Straßen und so weiter. Du wirst erstaunt sein, wie viel es zu hören gibt und wie verschieden und vielfältig die Welt klingen kann!

Vielleicht hast du ja auch Lust, einfach mal ein paar Tage oder Wochen mit deinem Aufnahmegerät herumzulaufen und deine Umwelt zu belauschen … So kannst du ein gut sortiertes Geräusche-Archiv anlegen, das du für andere Szenen oder andere Hörspiele benutzen kannst.

Manchmal habe ich auch schon Atmos »gefälscht«: Wenn du gerade beispielsweise eine Schulhof-Atmo brauchst, kannst du einige Freunde aufnehmen, wie sie reden, rufen, essen, laufen und so weiter. So eine Aufnahme wiederholst du ein paar Mal, legst sie später in Audacity auf einzelne Spuren untereinander und lässt sie gleichzeitig ablaufen. Aus vier Personen werden acht, dann zwölf, dann sechzehn. Wenn du die Spuren dann noch rechts und links auf die Lautsprecher verteilst, hört sich das schon ganz schön echt an.

Echte Geräusche selber aufnehmen

Zusätzlich zu den Atmos könnte es in verschiedenen Situationen und Szenen auch einzelne Geräusche geben. Sie machen dein Hörspiel oder deinen Podcast erst wirklich lebendig und spannend.

Da sind deiner Fantasie keine Grenzen gesetzt, höchstens deiner Zeit und der Größe deiner Computerfestplatte! Einige Geräusche kannst du mit deinem Computer und deinem USB-Mikrofon direkt aufnehmen. Du sammelst alle Geräte und Geräusche zusammen, die du aufnehmen willst, und legst wie gewohnt los: Mikrofon und Geräusch positionieren, Soundcheck mit Kontrolle der Aufnahmelautstärke, Aufnahme(n), Hörkontrolle, Speichern.

Andere Geräusche musst du wahrscheinlich eher vor Ort aufnehmen: Schritte auf der Straße oder im Wald, Autohupen, ein wieherndes Pferd, die Kaffeemaschine in der Küche und so weiter. Das geht am besten, wenn du einen Handheld-Rekorder hast oder ein Smartphone mit guter Aufnahmemöglichkeit (achte auf das Dateiformat und eine Stereo-Funktion).

Ich empfehle dir, eine ausführliche Liste zu machen, auf der du sehr genau aufschreibst, was für Geräusche du brauchst. Diese Liste kannst du dann nach und nach abarbeiten. Damit behältst du immer die Übersicht und kannst deine Zeit sinnvoll einteilen: alle Geräusche im Haus auf einmal, alle Geräusche auf der Straße, alle Geräusche im Wald.

Hier einige Tipps, Anmerkungen und Anregungen dazu:

» **Treppe**: Geht eine Person rauf oder runter? Ist die Treppe aus Holz oder Metall?

» **Schritte**: Geht eine Person schnell oder langsam, schlurft sie, humpelt sie? Welche Schuhe hat sie an? Läuft sie im Wald, auf der Straße, auf einer Holzbrücke? Kommt sie auf dich zu oder geht sie von dir weg?

» **Tür**: Wird sie heimlich geöffnet oder stürmt jemand in den Raum? Wird sie vorsichtig geschlossen oder wütend zugeknallt? Ist es eine Zimmertür oder ein Fabriktor? Wird sie aufgeschlossen?

» **Wasser**: Ist es ein Fluss, ist er groß oder klein? Ein Meer, ist es ruhig oder stürmisch? Ein Wasserhahn, wäscht sich jemand die Hände oder tröpfelt er vor sich hin?

» **Auto** (da müsstest du einen Erwachsenen um Hilfe bitten): Startet es oder stoppt der Motor? Fährt es schnell oder langsam, quietschen die Reifen? Hört der Zuhörer es vorbeifahren oder sitzt er mit im Auto? Hört er Blinker, Scheibenwischer, die Gangschaltung?

Wenn deine Ohren erst mal geschärft sind, wirst du immer mehr entdecken und wahrscheinlich sehr lange forschen, hören, aufnehmen und wieder aufnehmen wollen, bist du wirklich zufrieden bist.

Geräusche nachmachen

Einige Geräusche kannst du auch selbst herstellen oder vielmehr »fälschen«. Manchmal hören sie sich sogar echter an als in Wirklichkeit. Es gibt spezielle

Gerätschaften, mit denen du einiges nachmachen kannst. Du kannst aber auch mit ganz anderen Mitteln herumexperimentieren. Hier einige Anregungen:

- **Feuer**: Das typische Knistern eines Lagerfeuers kannst du mit einer Luftpolsterfolie oder dem Plastik-Innenleben einer Süßigkeitenverpackung herstellen. Knete die Verpackung vorsichtig in den Händen oder lass die Luftpolster platzen. Es gibt kleine, harmlose und große wilde Feuer …

- **Regen**: Dafür gibt es spezielle Regenmacher. Die kannst du dir aber auch aus Pappröhren, Nägeln und Reis selber bauen.

- **Wind und Donner**: Kannst du mit einem großen Blech aus Metall herstellen. In beide Hände nehmen und fest schütteln. Wenn du mit einem Hammer draufhaust, wird es noch dramatischer.
- **Wasser**: Geht am besten mit Wasser! Eine Schüssel, in der du mit den Händen herumpanschst. Zwei Eimer, die du immer wieder gegenseitig ausleerst, als Toilettenspülung. Ein Glas, das du eingießt und mit dem Strohhalm ausschlürfst.
- **Pferde**: Ein Klassiker, mit zwei leeren Kokosnussschalen. Aber nicht ganz einfach, du musst den richtigen Rhythmus finden.

- **Vögel**: Dafür gibt es sehr viele verschiedene Vogelpfeifen für fast jede Vogelart zu kaufen. Die sind aber sehr empfindlich und kosten einiges an Geld. Du kannst auch eine leere Weinflasche nehmen, die Korken mit Wasser nass machen und schnell an der Flasche hin und her reiben. Das gibt prima Vögel.

- **Fahrstuhltür**: Nimm zwei Holzklötze oder zwei Blechbüchsen und bewege sie auf einem Tisch wie zwei Schiebetüren, die auf und zu gehen. Finde den richtigen Rhythmus: langsam – schnell – langsam.

» **Zug**: Mit einer großen Bürste und einem Putzhandschuh über ein altes Waschbrett oder ein ähnlich gewelltes Stück Blech bürsten. Du kannst den Zug losfahren lassen, dann immer schneller, wieder langsamer und schließlich anhalten lassen. Ist allerdings eher eine alte Dampflok als ein ICE …

Vielleicht gibt es im Musikladen in deiner Nähe eine Percussion-Abteilung, in der es verschiedenes Geräuschmacher-Zubehör gibt.

Prüfe Gegenstände, die in eurem Haushalt weggeschmissen werden sollen, auf ihre Hörspiel-Tauglichkeit: alte Schlüssel, Geschirr und Besteck, Holz- und Metallreste. Hebe sie auf und lege im Laufe der Zeit eine Sammlung an.

Im Internet gibt es einige Homepages mit Anleitungen zum Geräuschemachen. Eine davon ist www.auditorix.de*. Klicke dich weiter durch, um zu den »Geräuschrezepten« zu kommen.*

Vielleicht findest du auch Bonusmaterial auf einer DVD über Geräuschemacher. Obwohl die meisten Geräusche für Filme heutzutage im Computer hergestellt werden, gibt es diesen handwerklichen Beruf immer noch.

Wenn du in der Nähe einer großen Radiostation lebst, kannst du vielleicht auch mal das Hörspielstudio besuchen. Eine Führung dort ist sehr spannend, und du wirst sehen, dass man für viele Geräusche die »echten« Gegenstände benutzt: Türen aus vielen Materialien und in vielen Größen, verschiedene Laufstege aus Holz, Kies, Metall und einiges mehr.

Kapitel 6

Die Postproduktion: Grundlagen

Schere geschliffen, Kleber gezückt, Kopierer angeschmissen – aus deinen Aufnahmen bastelst du dir jetzt eine richtige Hörspiel-Landschaft oder einen tollen Podcast zusammen. Aber natürlich alles digital, in deinem Computer. Wie mit Bausteinen oder in einem Mosaik suchst du dir nach und nach die einzelnen Teile für dein Projekt zusammen. Aus Sprachaufnahmen, Geräuschen, Musik und Soundeffekten bastelst du dir dein Hörspiel oder deinen Podcast. In diesem Kapitel erkläre ich dir die **Postproduktion** mit allem Drum und Dran: Einrichtung des Equipments, Vorbereitung der Audiospuren, Effekte, Lautstärken, Mix, Export und so weiter.

Das Equipment aufbauen

In der Postproduktion geht es zum einen darum, aus allen Komponenten dein fertiges Hörspiel oder deinen Podcast zu basteln. Zu den Komponenten gehören die Sprachaufnahmen, die Geräusche, die Musik und die Soundeffekte von Audacity, mit denen du die Aufnahmen bearbeiten und verfremden kannst.

Zum anderen geht es darum, eine möglichst gute Soundqualität herzustellen: Säuberung, Klangregelung, Lautstärken und das Panorama (Rechts/Links) der einzelnen Audiospuren. Alles zusammen heißt **Mix**.

Du solltest dir einen guten Audioarbeitsplatz schaffen. Am besten richtest du dein Equipment so ein, dass du immer schnell zwischen Kopfhörer und Lautsprecher abwechseln kannst.

*Das menschliche Ohr lässt sich immer sehr schnell täuschen, weil es sich an die verschiedenen Hörsituationen gewöhnt und sich darauf einpegelt. Es lässt sich dann gerne auch mal irreführen. Wechsel also immer wieder diese Hörsituationen. Arbeite eine Weile mit dem Kopfhörer, dann mit den Lautsprechern. Höre mal leise, mal ein bisschen lauter. Höre dir deine Bearbeitungen auch mal im Stehen aus der anderen Ecke deines Zimmers an, also mit Abstand. Und gönn dir und deinen Ohren öfter mal eine **Hör-Pause**.*

Wenn du nur mit deinem Computer ohne externes Audio-Interface arbeitest, besorgst du dir am besten einen Kopfhörer-Verteiler. Den habe ich dir im Kapitel »Das brauchst du« beschrieben. Es gibt ihn in verschiedensten Preislagen und in verschiedensten Ausführungen. An diesen Kopfhörer-Verteiler kannst du mehrere Kopfhörer und ein Paar Lautsprecher anschließen. Auf diese Weise können mehrere Personen gleichzeitig hören und du kannst bequem zwischen Kopfhörer und Lautsprecher wechseln, ohne dass du immer umstöpseln musst. Vielleicht brauchst du für deine Lautsprecher einen passenden Adapter. Wenn du in so einem Fall mit Kopfhörern hörst, denk daran, die Lautsprecher auszuschalten oder leise zu drehen. Sonst hörst du doppelt!

Um deinen Sound und deinen Mix perfekt beurteilen zu können, gibt es einen perfekten Platz für deine Ohren. Stelle dir ein Dreieck vor, bei dem alle Seiten gleich lang sind. An zwei Ecken stehen deine beiden Lautsprecher, an der dritten Ecke ist dein Kopf mit deinen beiden Ohren. Nur dort kannst du wirklich entscheiden, ob die Lautstärken und das Panorama deiner einzelnen Audiospuren wirklich stimmen. Diesen Platz nennt man Sweet Spot (englisch für »süßer Punkt«, im Sinne von »bester Ort zum Hören«). Stelle also die Lautsprecher beispielsweise einen Meter von deinem Kopf in Höhe deiner Ohren auf. Und so, dass sie einen Meter voneinander entfernt sind.

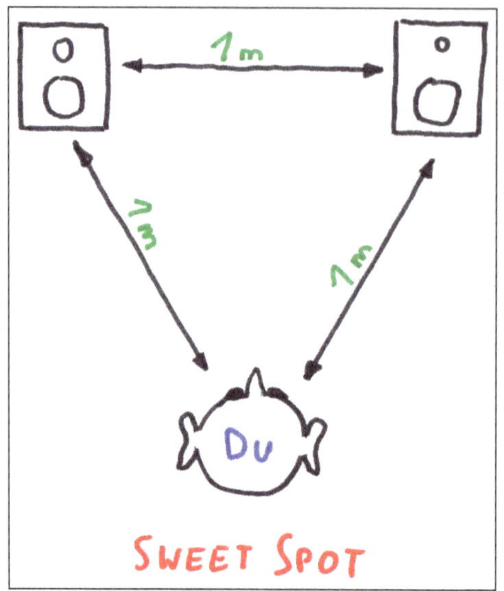

Aufnahmen säubern

Zuerst rate ich dir, deine Aufnahmen von Nebengeräuschen, ungewollten Pausen und Versprechern zu säubern. Ich gehe davon aus, dass du eine einzelne Audiospur aufgenommen hast, auf der sich mehrere Sprecher abwechseln und hintereinander befinden.

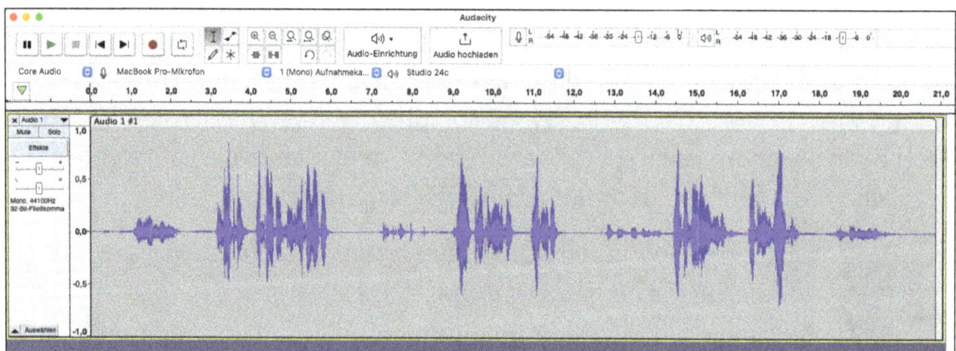

Die verschiedenen Aufnahmesettings und deren Vorteile und Nachteile kannst du noch mal im Kapitel »Erste Aufnahmen« nachlesen.

In deiner Audiospur gibt es vermutlich hohe Wellenformen, also mit einem hohen Lautstärkepegel, und dazwischen niedrige Wellenformen, also mit einem niedrigen Pegel. Aller Wahrscheinlichkeit nach sind die hohen Ausschläge Textstellen und die niedrigen Ausschläge ungewollte Nebengeräusche. Die Nebengeräusche löschst du jetzt.

1 **Höre dir die Aufnahme an und merke dir die erste Stelle, die du löschen willst.**

Mit mehr Erfahrung wirst du viele Stellen auch schon mit den Augen erkennen.

2 **Markiere die Stelle.**

Klicke mit der linken Maustaste das Auswahlwerkzeug im Werkzeugkasten an, gehe zum Anfang der Stelle, die du löschen willst. Ziehe mit gehaltener linker Maustaste eine Markierung bis zum Ende der Stelle, die du löschen willst. Die Stelle wird weiß markiert. Sei dabei vorsichtig, schneide nicht zu viel weg. Du kannst später noch ein bisschen feiner nachbessern.

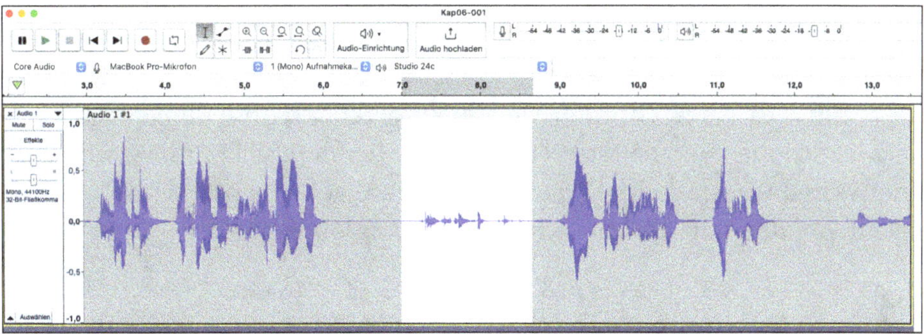

3 **Drücke auf deiner Tastatur C, um dir den entstandenen Schnitt vorher probeweise anzuhören.**

4 **Wenn der Schnitt gut ist, lösche die Stelle.**

Klicke in der Menüleiste auf Bearbeiten, dann auf Ausschneiden. Der Shortcut dafür, also die Abkürzung über eine Tastenkombination, lautet cmd ⌘ + X.

Wenn du mit dem Windows-Betriebssystem arbeitest, musst du in der Regel `Strg` *anstatt* `cmd ⌘` *drücken.*

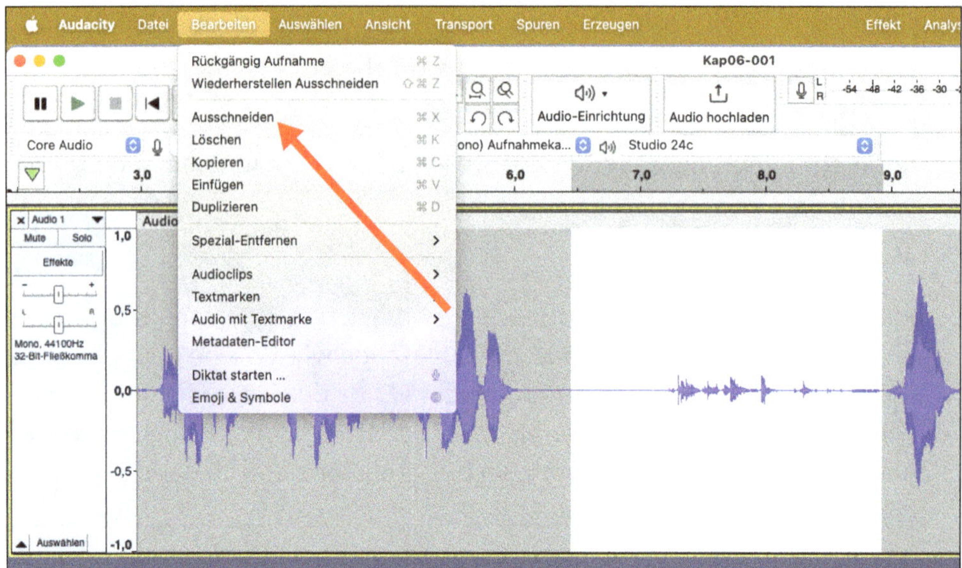

Die Stelle wird ausgeschnitten. Die darauffolgenden Aufnahmen werden nach links verschoben und an die erste Textstelle herangerückt. Um Versprecher und unerwünschte Geräusche herauszuschneiden, ist das sehr praktisch, weil du die nachfolgenden Aufnahmen nicht selbst verschieben musst.

Für viele Befehle und Arbeitsschritte, die du oft machen musst, gibt es ***Shortcuts*** *(Englisch für »Abkürzung«). Das sind Tastenkombinationen, mit denen du sehr schnell diese Arbeitsschritte vornehmen kannst, ohne jedes Mal extra ins Menü zu klicken. Meistens findest du sie rechts neben den Befehlen. Manchmal schreibe ich die Shortcuts in Klammern mit in den Text. Weitere Shortcuts findest du in einer Liste am Ende des Kapitels »Die Postproduktion: Effekte, Geräusche, Musik – fertig!«.*

Es kann aber auch Fälle geben, in denen du die nachfolgenden Aufnahmen nicht oder erst später »mit der Hand« verschieben willst.

1 Markiere die Stelle, die du löschen willst.

Gehe auf die gleiche Art vor, wie ich es dir oben schon erklärt habe.

2 Lösche die Stelle.

Klicke in der Menüleiste auf Bearbeiten, dann auf Spezial-Entfernen, dann auf Ausschneiden und trennen (⌥ + cmd ⌘ + X). Wenn du Windows verwendest, lautet die Tastaturkombination: Alt + Strg + X.

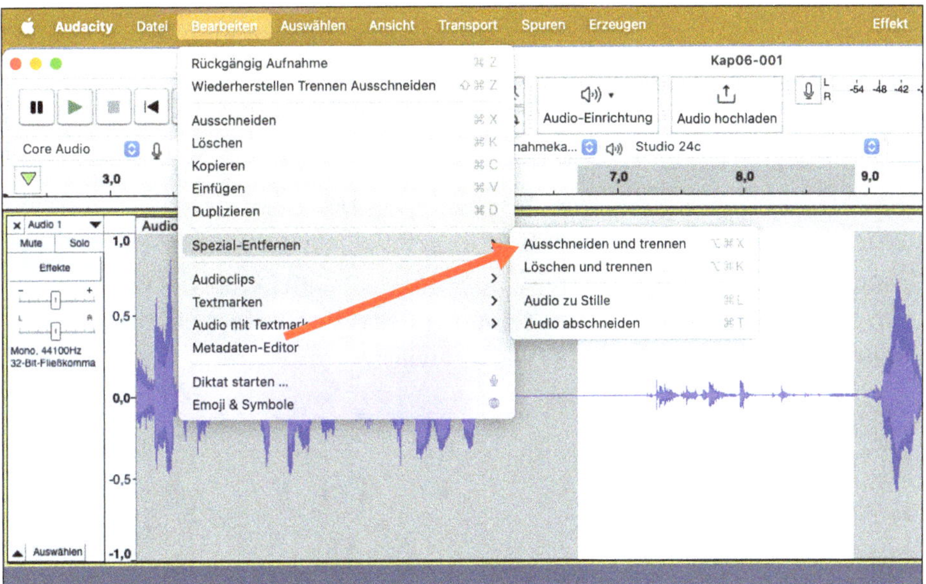

An der gelöschten Stelle ist jetzt eine Lücke, und es haben sich zwei einzelne Audioclips gebildet. Der zweite Clip ist an seiner alten Stelle geblieben und lässt sich unabhängig verschieben.

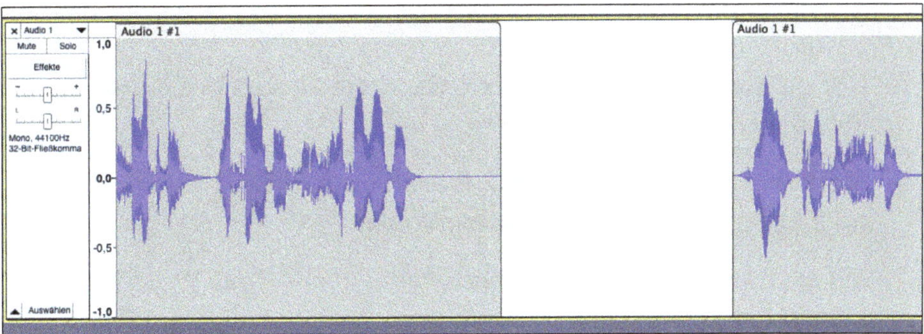

Es gibt noch zwei weitere Arten zu schneiden, die ein bisschen spezieller sind. Die brauchst du eher selten. Du findest sie unter Bearbeiten, dann Spezial-Entfernen, dann Audio zu Stille. Bei Audio zu Stille wird die Stelle, die du löschen willst, stumm geschaltet, die Audiospur bleibt aber als ganze, zusammenhängende Spur erhalten. Die andere Art heißt Audio zuschneiden, das ist eine »umgekehrte Markierung«: Du markierst eine Stelle und alle anderen Aufnahmen auf der Spur werden gelöscht.

Aufnahmen auf mehrere Spuren verteilen

Jetzt hast du also eine saubere Audiospur, auf der zwei Sprecher hintereinander aufgenommen sind. Als Nächstes ist es sinnvoll, dass du für jeden einzelnen Sprecher auch eine eigene Spur anlegst. Das ist zum einen viel übersichtlicher, zum anderen lassen sich die einzelnen Spuren auch besser bearbeiten, wenn du sie beispielsweise mit Effekten belegen willst.

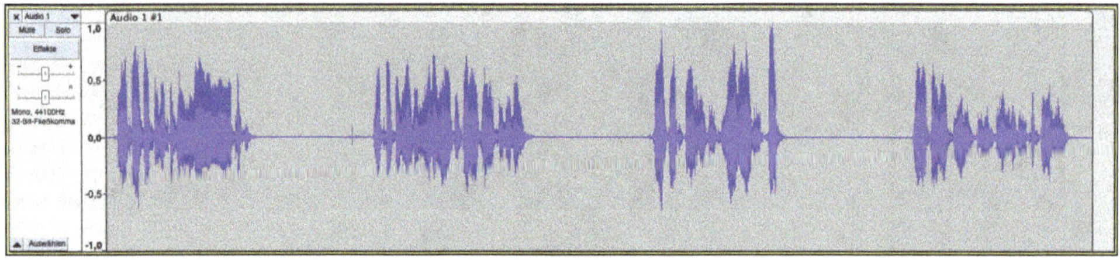

Die erste und die dritte Wellenform gehören beispielsweise zum ersten Sprecher, die zweite und die vierte Wellenform zum zweiten Sprecher. Jetzt erkläre ich dir, wie du vorgehen musst, um die Aufnahme auf verschiedene Spuren zu verteilen.

1. **Hör dir genau an, von wo bis wo der erste Einsatz des ersten Sprechers, also die erste Wellenform, geht.**

2. **Merke dir das Ende des ersten Einsatzes und positioniere den Cursor (das Auswahlwerkzeug) an diese Stelle.**

   Mit ein bisschen Erfahrung kannst du das auch an den Wellenformen ablesen.

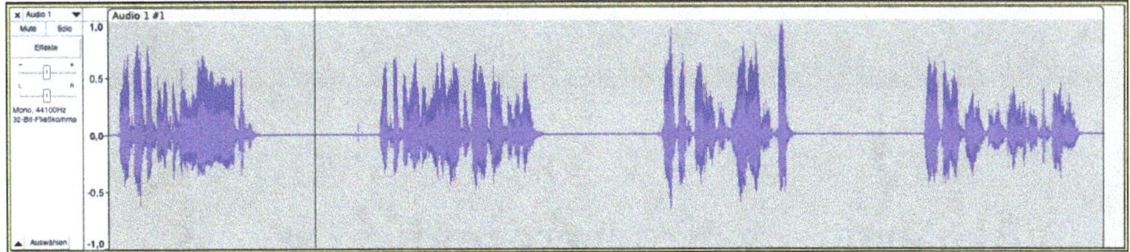

3 **Klicke in der Menüleiste auf Bearbeiten, dann Audioclips, dann auf Trennen.**

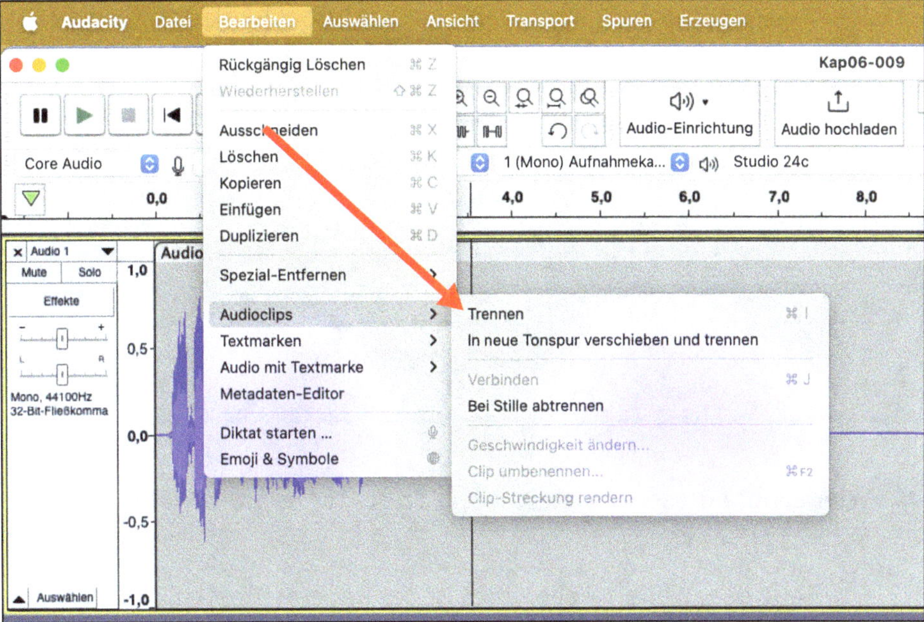

Du siehst jetzt, dass an dieser Stelle ein Schnitt und zwei neue Audioclips entstanden sind. Diesen Vorgang musst du in der Postproduktion sehr oft durchführen, der Shortcut für diese ganzen Schritte ist cmd ⌘ + I.

Du kannst einen Schnitt auch rückgängig machen. Klicke sofort nach deinem missglückten Schnitt im Menü auf Bearbeiten, dann Rückgängig trennen (cmd ⌘ + Z). Manche Funktionen sind auch in deiner rechten Maustaste versteckt, probiere sie mal aus.

Rückgängig – ein Zauberwort für die Arbeit am Computer?

Die Funktion »Rückgängig machen« gibt es bei so gut wie jedem Computerprogramm. Sie ist wirklich sehr hilfreich, wenn du bei der Bearbeitung mal einen Fehler gemacht hast – einfach klicken, alles ist wie vorher. So ist es auch in Audacity. Auf zwei Sachen musst du aber achten. Zum einen löschst du wirklich alle Bearbeitungsschritte. Stell dir vor, du hast drei Arbeitsschritte gemacht (Schnitt, Verschieben, wieder Schnitt). Wenn dir der erste Schnitt nicht mehr gefällt, kannst du ihn nur rückgängig machen, indem du die beiden danach auch rückgängig machst. Das solltest du dir also gut überlegen.

Zum anderen werden alle Bearbeitungsschritte aus dem Gedächtnis von Audacity gelöscht, wenn du das Programm schließt. Danach kannst du die Schritte nicht mehr rückgängig machen. Das gilt auch für sehr viele andere Programme. Die Rückgängig-Funktion ist also oft nur ein kleiner Zauber …

4. **Wiederhole diese Schritte, um am Ende der zweiten Wellenform einen Schnitt zu machen.**

   Das Ende der zweiten Wellenform ist das Ende des ersten Einsatzes des zweiten Sprechers. Klingt kompliziert, ist es aber gar nicht.

5. **Trenne auf diese Weise alle Wellenformen voneinander.**

   Achte darauf, welche Wellenformen zu welchem Sprecher gehören. In unserem Beispiel gibt es drei Schnitte und vier Clips.

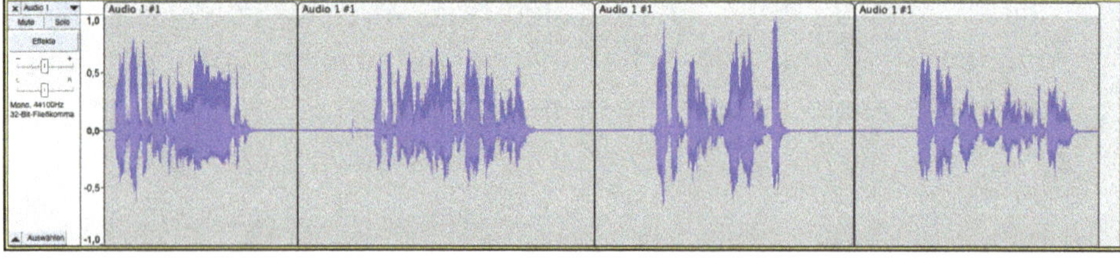

6 Richte eine neue Audiospur ein.

Klicke im Menü auf Spuren, dann Neu hinzufügen, dann Monospur. Unterhalb deiner ersten Spur bildet sich eine neue, leere Audiospur.

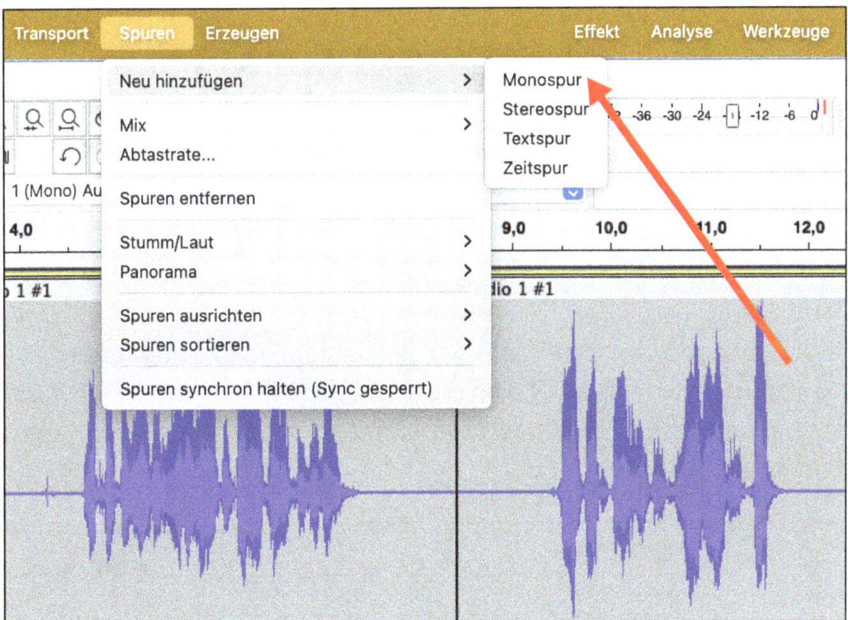

7 Verschiebe die zweite Wellenform in die neue Tonspur.

Gehe mit der Maus auf die Titelleiste der zweiten Wellenform (dort, wo in unserem Beispiel »Audio 1 #1« steht), klicke und halte die linke Maustaste, und ziehe die zweite Wellenform auf die neue Tonspur. Der Cursor wird dabei erst zu einer Hand, dann zu einer Faust. Achte darauf, dass die Wellenform nicht nach links oder rechts verrutscht.

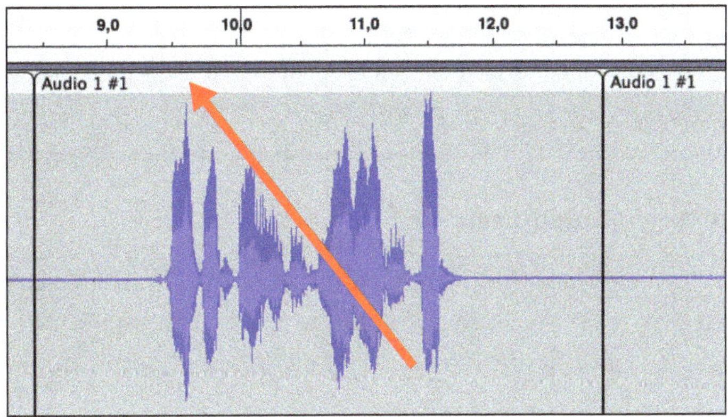

8 Wiederhole diesen Vorgang, bis alle Wellenformen des ersten Sprechers auf der oberen Spur liegen und alle Wellenformen des zweiten Sprechers auf der unteren Spur.

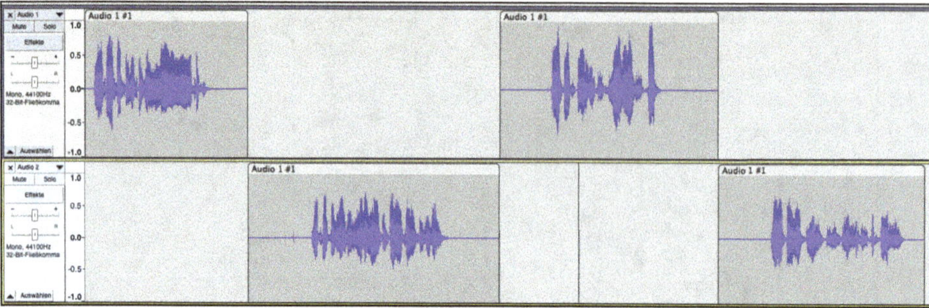

Falls dir bei den Schnitten irgendwo ein kleiner Fehler unterlaufen ist, kannst du den jeweiligen Clip links oder rechts an seinem oberen Rand nochmal »aufziehen«, und das abgeschnittene Material erscheint wieder an seiner alten Stelle. Super, oder?

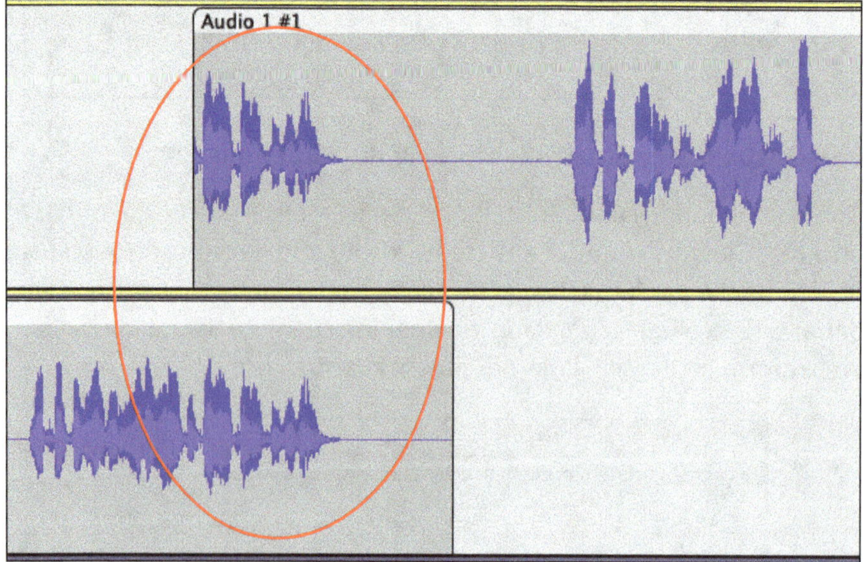

9 Benenne die Audiospuren.

Im Laufe der Zeit wirst du für dein Hörspiel oder deinen Podcast wahrscheinlich sehr viele Audiospuren anlegen. Ich empfehle dir daher, die einzelnen Spuren mit passenden Namen zu versehen, damit du immer einen guten Überblick behältst.

Klicke im Spurkopf auf Audio 1, dann auf Name. Es öffnet sich ein neues Dialogfenster. Gib einen Namen ein und klicke OK. Der Name steht jetzt im Spurkopf. Wiederhole das für alle Spuren.

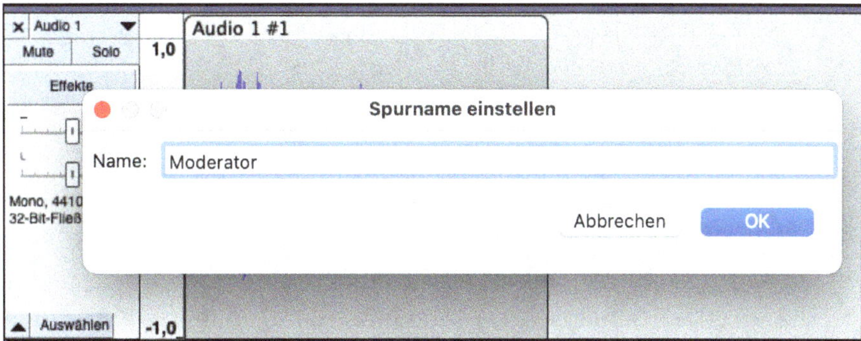

Lege dir auf diese Art auch für deine Geräusche neue Spuren an und beschrifte sie.

Hier noch einige Tipps dazu:

» Lege nicht für jedes Geräusch eine eigene Spur an. Du hast dann sehr schnell sehr viele Spuren auf deiner Arbeitsoberfläche. Es wird unübersichtlich.

» Überlege dir eine sinnvolle Vorgehensweise, welche Geräusche du auf welcher Spur zusammen anordnen kannst. Beispielsweise könntest du alle Geräusche auf eine Spur legen, die du rechts im Kopfhörer oder Lautsprecher hören willst. Und alle Geräusche, die du links hören willst, auf eine zweite Spur. Dazu erzähle ich dir später unter »Mix« noch ein bisschen mehr.

» Teile die Geräusche in Einzelgeräusche und Atmos auf. Lege die Einzelgeräusche auf eine oder mehrere Spuren ab und die Atmos immer auf eine separate Spur. Es kommt sicherlich öfter vor, dass du eine Atmo hören willst (beispielsweise den Schulhof), über die ein Einzelgeräusch (beispielsweise die Pausenklingel) gelegt werden soll.

» Unterscheide zwischen Geräuschen in Stereo und Geräuschen in Mono. Sie können nicht zusammen auf der gleichen Spur sein. In der Regel sind Atmos in Stereo, Einzelgeräusche in Mono.

Damit deine Arbeitsoberfläche noch übersichtlicher wird, kannst du die Audiospuren auch farbig markieren. So hast du immer einen schnellen Überblick. Du könntest beispielsweise alle Sprecher mit einer Farbe, alle Geräusche mit einer anderen Farbe, und alle Atmos mit einer dritten Farbe markieren. Klicke dazu im Spurkopf einer Spur auf Audio 1*, dann* Wellenfarbe*, dann* Instrument 1, 2, 3 *oder* 4*. Außerdem kannst du sogar alle Audioclips einzeln beschriften. Klicke dazu doppelt auf die Titelleiste des jeweiligen Clips und gib dort einen Namen ein.*

Clips verschieben, kopieren, verdoppeln

Du hast jetzt also die Aufnahmen geschnitten und auf deiner Arbeitsoberfläche sortiert. Die einzelnen Schnipsel, die entstanden sind, nennen wir **Audioclips** oder kurz **Clips**. Du kannst diese einzelnen Clips nicht nur von Spur zu Spur verschieben, sondern sie auch innerhalb einer Spur weiter nach vorne (also nach »links« auf deiner Arbeitsoberfläche) oder hinten (»rechts«) verschieben, damit sie früher oder später klingen. Dafür fasst du sie einfach in ihrer Titelleiste mit gehaltener linker Maustaste an und verschiebst sie.

Es wird auch häufig vorkommen, dass du mehrere Clips gleichzeitig verschieben willst, damit sie zum Beispiel weiter hinten liegen, aber untereinander den gleichen Abstand behalten.

1 **Ziehe mit gehaltener linker Maustaste einen Kasten über alle Clips, die du verschieben willst.**

Die Clips werden hell markiert.

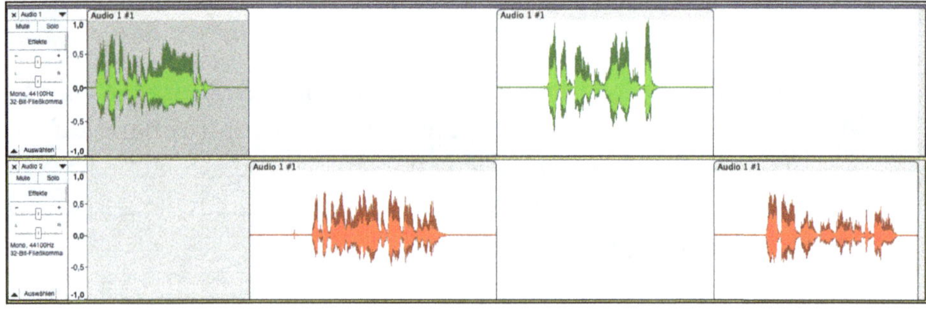

2 **Klicke in die Titelleiste irgendeines Clips, der hell markiert ist, und verschiebe ihn.**

Alle anderen markierten Clips bewegen sich mit.

Ein Geräusch verdoppeln: Kopieren und Einfügen

Du kannst einen Clip auch verdoppeln und mehrmals benutzen. Diese Funktion kannst du gut gebrauchen, wenn du zum Beispiel ein Telefonklingeln, Türenknallen oder Schritte immer wieder in deinem Hörspiel auftauchen lassen willst. Oder du möchtest mit einem Geräusch ein neues Thema in deinem Podcast ankündigen.

1 **Markiere den Clip, den du verdoppeln willst, indem du einmal auf seine Titelleiste klickst.**

Er färbt sich weiß.

2 **Klicke im Menü auf Bearbeiten, dann Kopieren (cmd ⌘ + C).**

3 **Bewege den Cursor an die Stelle, an der das Geräusch zum zweiten Mal zu hören sein soll.**

4 **Klicke im Menü auf Bearbeiten, dann Einfügen (cmd ⌘ + V).**

Du kannst das kopierte Geräusch an jeder beliebigen Stelle einfügen, also auch auf einer anderen Spur. Allerdings muss dort immer auch genug Platz vorhanden sein. Probiere auch deine rechte Maustaste aus, dort sind diese Befehle sicherlich abgelegt.

Den Überblick behalten: Spuren nach oben oder nach unten anordnen und verkleinern

Du kannst deine Arbeitsoberfläche noch übersichtlicher gestalten und dir die Arbeit mit Audacity dadurch noch einfacher machen. Denk immer daran, dass du bald den Überblick über sehr viele Spuren behalten musst. Du kannst eine komplette Audiospur weiter nach oben oder unten verschieben und dir so zum Beispiel erst alle Sprecher-Spuren, darunter alle Geräusch-Spuren und darunter alle Atmo-Spuren anordnen.

Greife mit gehaltener linker Maustaste in den Hintergrund des Spurkopfes und ziehe die Spur an die gewünschte Position.

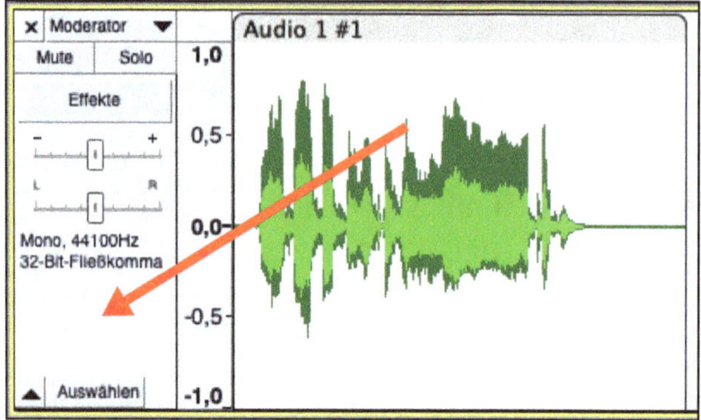

Schließlich kannst du die Spur auch noch »einklappen«. Klicke unten im Spurkopf auf das nach oben zeigende Dreieck. Die Spur klappt ein, und du kannst mehr Spuren auf einmal auf deiner Arbeitsoberfläche sehen. Um sie wieder »aufzuklappen«, klicke nochmal auf das Dreieck, das jetzt nach unten zeigt.

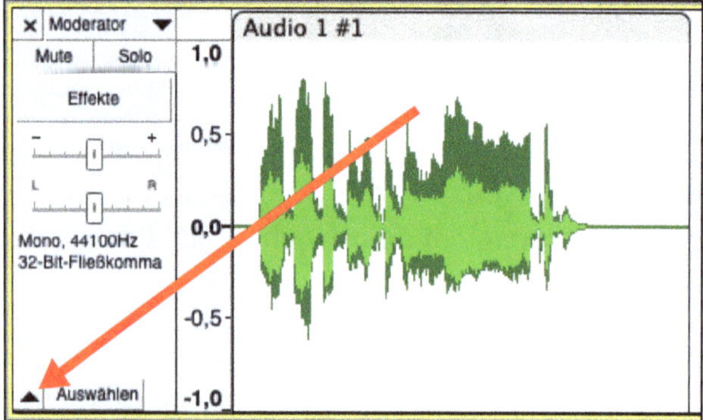

Der Mix: Lautstärken, Panorama und Grundsounds der einzelnen Audiospuren einstellen

Mit **Mix** meine ich alle Einstellungen, die du ab jetzt vornimmst, um dein Hörspiel richtig gut klingen zu lassen. Dazu gehören:

- die Lautstärke der einzelnen Spuren und Clips und das Lautstärkeverhältnis insgesamt
- die Anordnung der Clips im Stereopanorama

- der Klang der einzelnen Audiospuren und der einzelnen Clips
- die Soundeffekte

Aber der Reihe nach!

Die Lautstärken

Die Gesamtlautstärke einer Audiospur kannst du an ihrem Spurkopf einstellen. Dazu bewegst du den Regler auf der oberen Skala. Nach links für leiser, nach rechts für lauter.

Wie gesagt, gilt die eingestellte Lautstärke für die gesamte Spur und bezieht sich auf alle Clips, die in ihr enthalten sind.

Lautstärken der einzelnen Clips in einer Spur verändern

Mit Sicherheit wird es mal so sein, dass du einzelne Clips in der Spur verschieden laut stellen willst. Zum Beispiel, weil der Sprecher nicht immer gleich laut gesprochen hat oder weil die Hintergrundgeräusche den Text übertönen. Hier kommt das sogenannte **Hüllkurvenwerkzeug** ins Spiel. Merkwürdiges Wort, wir können es einfach »Lautstärkewerkzeug« nennen. Es befindet sich ebenfalls in der Werkzeugkiste, rechts neben dem Auswahlwerkzeug.

1. **Klicke das Hüllkurvenwerkzeug an.**

   Alle Audiospuren verändern sich, sie bekommen oben und unten einen blauen Rand und in der Mitte einen hellen Streifen. Auch der Cursor verändert sich, er besteht jetzt aus zwei kleinen weißen Dreiecken, die aufeinander zeigen.

2. **Ziehe den Cursor an eine Stelle auf dem blauen Rand des Clips, dessen Lautstärke du verändern willst. Klicke auf den Rand und ziehe ihn mit gehaltener linker Maustaste in die Mitte des Clips.**

Der Clip »schrumpft« in sich zusammen und zeigt dir so an, dass er leiser geworden ist. Außerdem hat sich ein weißer Ankerpunkt gebildet an der Stelle, an der du den Rand angefasst hast.

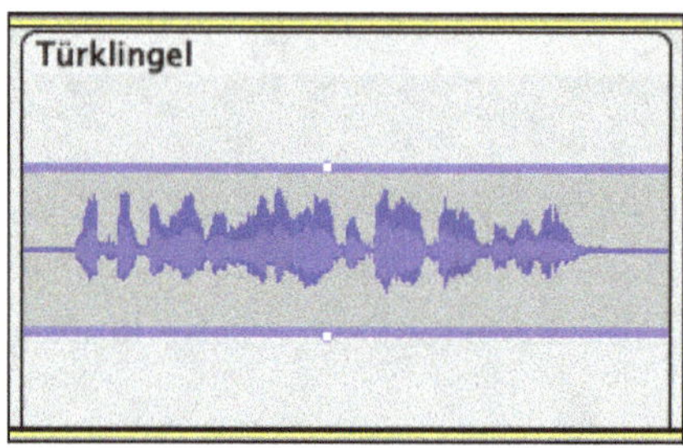

Sicherlich willst du auch mal, dass ein Clip erst ganz leise ist und dann langsam lauter wird, oder umgekehrt. Zum Beispiel könntest du am Anfang einer Szene, die auf der Straße spielt, die Straßen-Atmo im Hintergrund auf diese Art langsam einblenden oder **einfaden**. Und sie am Ende der Szene wieder ausblenden oder **ausfaden**.

1. **Klicke auf das Hüllkurvenwerkzeug.**
2. **Klicke an der Stelle des Clips, die am lautesten sein soll auf den blauen Rand.**

   Ein weißer Ankerpunkt entsteht.
3. **Klicke am Anfang desselben Clips auf den blauen Rand.**

   Ein zweiter weißer Ankerpunkt entsteht, links vom ersten.
4. **Ziehe mit gehaltener linker Maustaste den linken Ankerpunkt nach unten bis zur Mitte des Clips.**

   Es entsteht eine Art Trichter, der sich öffnet. Er zeigt dir an, dass der Clip erst ganz leise ist und dann immer lauter wird.

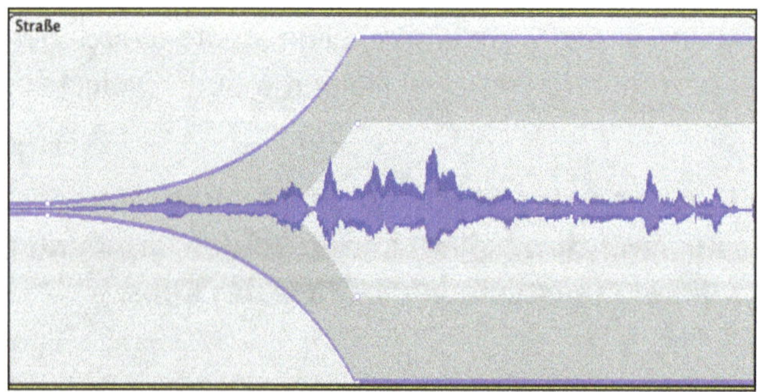

5 Verfahre zum Ausblenden ähnlich.

Bilde zwei neue weiße Ankerpunkte am Ende des Clips. Ziehe diesmal den rechten Ankerpunkt nach unten zur Mitte des Clips.

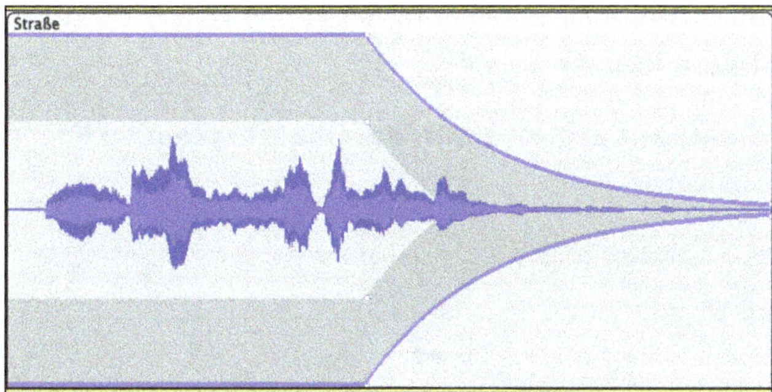

Der Clip wird immer leiser.

Wenn du deine Aufnahme zu einzelnen Clips geschnitten hast, kann es vorkommen, dass sich die Schnitte sehr hart anhören, der Clip also sehr plötzlich anfängt und aufhört. Wenn dich das stört, kannst du den Clip auf die eben beschriebene Weise ein- und ausblenden.

Experimentiere ein bisschen herum! Du kannst **den einzelnen Clips verschiedene Lautstärken zuweisen**. Falls ein Clip viel zu leise aufgenommen ist, kannst du seine Gesamtspur lauter machen und alle anderen Clips in dieser Spur einzeln leiser machen.

Normalisieren

Vielleicht ist eine Aufnahme aus Versehen doch mal wirklich sehr leise geworden, und du kannst oder willst sie nicht wiederholen. Dann gibt es zwei Möglichkeiten, wie du das Problem lösen kannst. Entweder machst du die gesamte Spur, in der sich der Clip befindet, im Spurkopf lauter, und machst dann die einzelnen Clips in der Spur mit dem Hüllkurvenwerkzeug wieder leiser. Außer natürlich den Clip, der vorher zu leise war.

Oder du **normalisierst** den einzelnen Clip. Das bedeutet, dass du die Grundlautstärke des Clips insgesamt so laut stellst, dass die lauteste Stelle in diesem Clip »an ihre vorgegebene Grenze stößt«. Diese Grenze ist bei uns in Audacity die Höhe der Audiospur.

*Hier kommt das erste Mal ein **Plugin** ins Spiel. Das sind die Effektgeräte, die Audacity dir zur Verfügung stellt. Du rufst sie immer über das Effekt-Menü auf.*

1 **Markiere den Clip, den du normalisieren willst, indem du einmal auf seine Titelleiste klickst.**

2 **Klicke im Menü auf Effekt, dann auf Lautstärke und Kompression, dann auf Normalisieren …**

Es öffnet sich ein neues Dialogfenster.

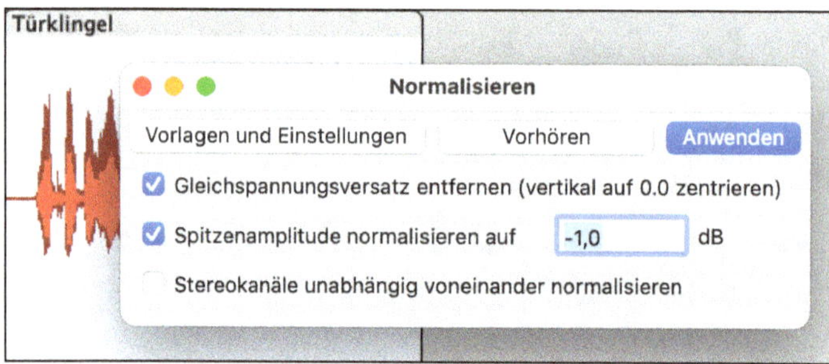

3 **Klicke die Checkbox Gleichspannungsversatz entfernen an.**

Damit wird dein Signal »gesäubert«. Es kann so am besten zum Normalisieren verarbeitet werden.

4 **Klicke die Checkbox Spitzenamplitude normalisieren auf an.**

5 **Stelle -1,0 dB ein.**

Damit hast du ein bisschen »Reserve nach oben«, und dein Signal verzerrt nicht.

6 **Klicke auf Anwenden.**

Du kannst sehen, dass die Wellenform größer geworden ist. Dein Signal ist also lauter geworden.

Du kannst auch **die gesamte Audiospur normalisieren**. Markiere dafür die gesamte Spur, indem du im Spurkopf auf Auswählen klickst. Du siehst dann, dass alle Clips in der Spur hell markiert sind. Wiederhole dann die Schritte 2 bis 6.

Mit der Funktion Normalisieren … stellst du nur die Grundlautstärke des Clips oder aller Clips in einer Audiospur ein. Du kannst trotzdem noch mit dem Hüllkurvenwerkzeug die relative Lautstärke der einzelnen Clips verändern.

Wenn du einen Clip normalisierst, wird alles, was du in ihm aufgenommen hast, lauter. Also auch die Nebengeräusche! Achte also nach dem Normalisieren darauf, dass sich der Clip immer noch gut anhört. Wenn die Nebengeräusche zu laut geworden sind, solltest du doch lieber einen neuen Take machen.

Panorama

Panorama – oder auch **Stereopanorama** – bezeichnet die Anordnung deiner Aufnahmen im Lautsprecher oder Kopfhörer. Also ob ein Signal von links, von rechts oder aus der Mitte zu hören ist. Oder irgendwo dazwischen. Du kannst dir sicherlich denken, dass das für dein Hörspiel sehr wichtig ist. Damit kannst du ein richtig breites Hörbild malen, eben ein Panorama.

Hier ein paar Ideen und Anregungen dazu:

» Du kannst in einem Dialog die eine Person von rechts und die andere von links sprechen lassen. Das hört sich sehr beeindruckend an. Deine Zuhörer befinden sich buchstäblich zwischen den beiden Personen. Das könnte besonders in einem Podcast-Interview beeindruckend sein.

» Du kannst damit auch inhaltliche Aussagen treffen: Eine Gruppe von Personen befindet sich zusammen auf der linken Seite, eine einzelne Person befindet sich auf der anderen Seite. Die Person ist also ganz einsam.

» Wie schon im Kapitel »Aufnehmen für Profis« kurz beschrieben, kannst du mehrere ähnliche Atmo-Spuren für eine Szene aufnehmen, diese dann auf verschiedene Spuren synchron legen und im Stereopanorama verteilen. Dadurch vervielfachst und verstärkst du die Atmo.

» Du kannst mit dem Panorama einen ganzen Raum gestalten: Die klappende Tür ist links, das Radio und die Kaffeemaschine rechts, das Telefon, das die Hauptperson gleich benutzt, klingelt in der Mitte.

Das Panorama für die gesamte Spur stellst du in ihrem Spurkopf ein: »L« für links, »R« für rechts.

Panorama Spezialfall 1 – Eine Person wechselt die Seiten

Vielleicht willst du, dass eine Person innerhalb einer Szene in einer Situation von links und in einer anderen Situation von rechts spricht. Zum Beispiel, weil sie buchstäblich »die Seiten gewechselt« hat und jetzt »zur anderen Seite gehört«. Oder weil die neue Situation in einem anderen Raum spielt, und die Person in diesem Raum eben auf der anderen Seite steht.

Leider kannst du in Audacity nicht die einzelnen Clips einer Spur auf verschiedene Seiten des Stereopanoramas verteilen, das Panorama ist immer für die gesamte Spur festgelegt. Du kannst aber einfach eine zweite Spur für dieselbe Person anlegen und diese Spur nach deinen Wünschen im Panorama verteilen. Denke wieder daran, die zweite Spur sinnvoll zu beschriften, damit du den Überblick behältst.

Panorama Spezialfall 2 – Ein Zug fährt von links nach rechts

Besonders beeindruckend und bildhaft wird dein Hörspiel, wenn bestimmte Geräusche im Stereopanorama hin- und herwandern. Wenn also beispielsweise eine Person von links nach rechts läuft und deine Zuhörer das buchstäblich vor sich sehen können – weil sie es eben hören!

Weil sich das Stereopanorama innerhalb einer Spur nicht verändern lässt, musst du einen Trick anwenden, den ich dir jetzt an einem Beispiel erkläre: Ein Zug fährt von links nach rechts. Das Zuggeräusch liegt schon auf der Arbeitsoberfläche von Audacity in Spur 1 (ich habe sie Zug links benannt).

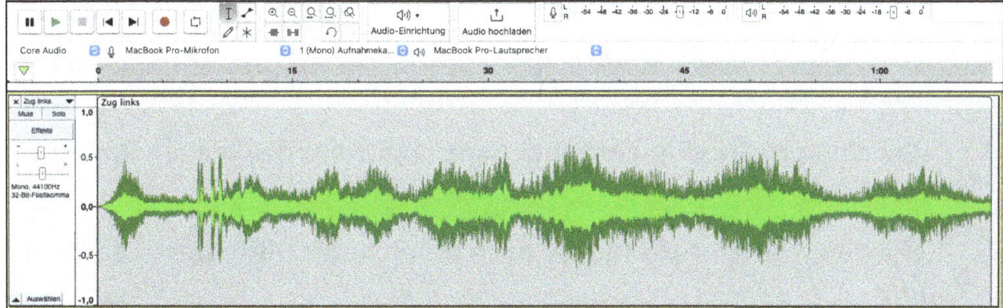

Als Erstes musst du den Clip verdoppeln.

1 **Markiere den Clip, indem du einmal auf seine Titelleiste klickst, er wird hell gefärbt.**

2 **Klicke im Menü auf Bearbeiten, dann auf Duplizieren.**

Es bildet sich eine neue Tonspur, eine originalgetreue Kopie deines Clips. Ich habe sie anschließend im Beispiel mit Zug rechts beschriftet.

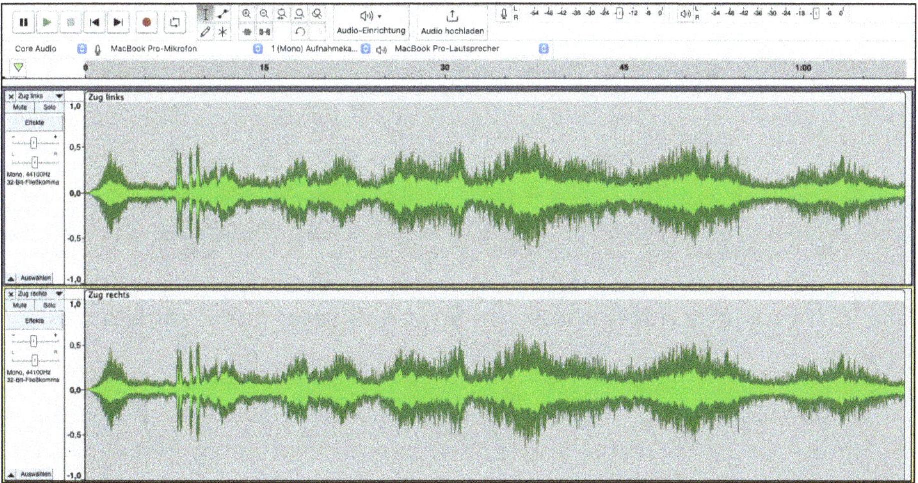

3 **Schiebe den Panorama-Regler im Spurkopf der oberen Spur ganz nach links und den Panorama-Regler der unteren Spur ganz nach rechts.**

4 **Klicke im Werkzeugkasten auf das Hüllkurvenwerkzeug und setze mit der linken Maustaste einen weißen Ankerpunkt ganz links auf den blauen Rand der oberen Spur.**

5 **Setze einen zweiten Ankerpunkt ganz rechts auf den blauen Rand der oberen Spur.**

6 **Ziehe den rechten Ankerpunkt nach unten in die Mitte der oberen Spur.**

Es bildet sich eine Art Trichter. Die obere Spur klingt links. Sie ist zuerst laut und wird dann immer leiser.

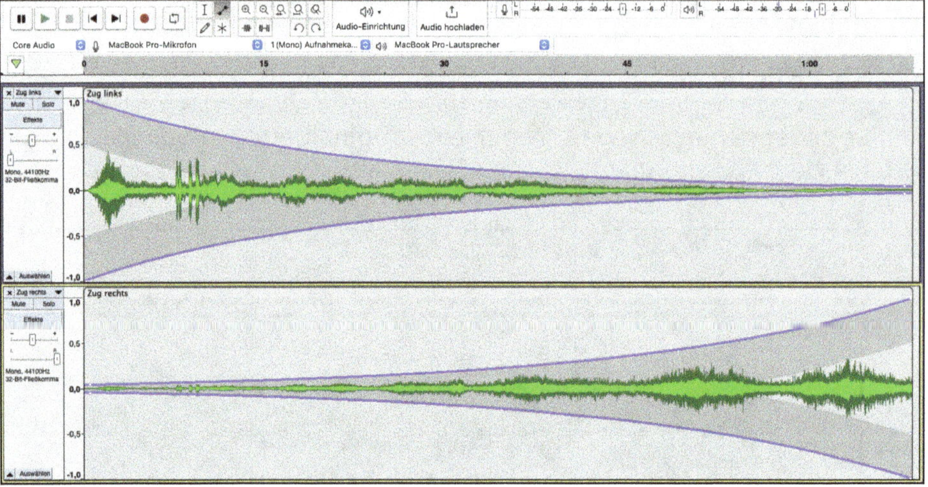

7 **Verfahre jetzt mit der unteren Spur genauso, nur »umgekehrt«.**

Setze einen Ankerpunkt links und rechts und ziehe den linken ganz zur Mitte der Spur. Du siehst jetzt zwei gegenläufige Trichter: Die linke Spur wird immer leiser, die rechte Spur immer lauter. Der Zug fährt von links nach rechts!

Du kannst auch mehrere Ankerpunkte setzen, um den Verlauf der Trichter-Kurve genauer zu gestalten. Der Zug fährt dann langsamer oder schneller von einer Seite zur anderen.

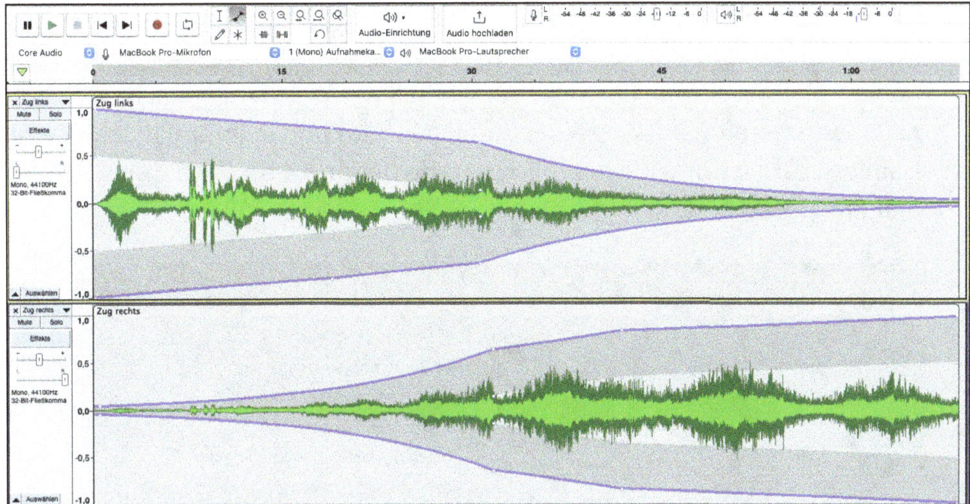

Ich empfehle dir, bei diesen Arbeitsschritten mit dem Kopfhörer statt mit Lautsprechern zu arbeiten. Auf diese Weise kannst du den Verlauf der Kurven in allen ihren Einzelheiten genauer gestalten und kontrollieren. Du kannst den Links/Rechts-Effekt so viel besser beurteilen.

Du kannst nicht benötigte oder störende weiße Ankerpunkte löschen, indem du sie mit gehaltener linker Maustaste nach oben oder nach unten über den blauen Rand der Audiospur hinausziehst.

Den Überblick behalten: Ansichtssachen – reinzoomen und rauszoomen

Deine Produktion nimmt immer größere Formen an. Einige Werkzeuge und Tricks helfen dir, den Überblick zu behalten und bequem weiterzuarbeiten.

» Auf der Arbeitsoberfläche von Audacity findest du einen Kasten mit Lupen-Werkzeugen.

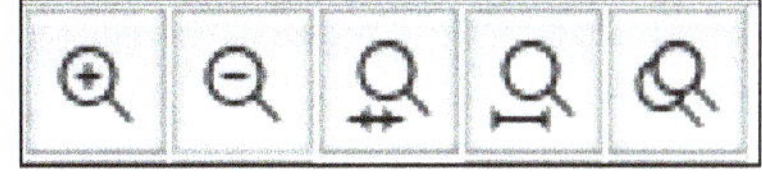

Hier sind vor allem die Plus- und die Minus-Lupen interessant. Mit der Plus-Lupe (Heranzoomen) guckst du tiefer in deine Arbeitsoberfläche hinein. Sie streckt alle Audiospuren horizontal in die Länge. So kannst du Schnitte, Fades und viele andere Arbeitsschritte sehr genau vornehmen. Mit der Minus-Lupe (Herauszoomen) entfernst du dich wieder von der Arbeitsoberfläche.

» Wirklich sehr hilfreich ist auch der Eintrag Spurgröße im Menüpunkt Ansicht: Wenn du auf An Breite anpassen klickst, siehst du dein Hörspiel oder deinen Podcast in ganzer Länge auf einen Blick. Wenn du danach noch auf An Höhe anpassen klickst, siehst du eine Produktion in ihrer ganzen Pracht! Damit weißt du immer, wo du dich gerade befindest und wie weit du mit deinem Projekt bist.

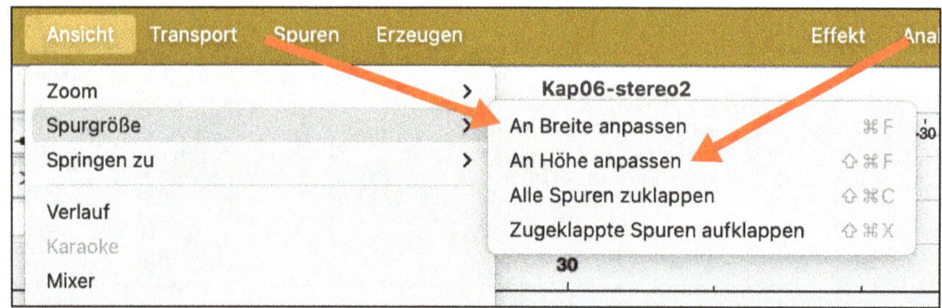

» Wenn du den Cursor genau zwischen zwei Spuren positionierst, kannst du mit gehaltener linker Maustaste die Arbeitsfläche für die Spur vergrößern oder verkleinern. Einfach nach oben oder unten ziehen.

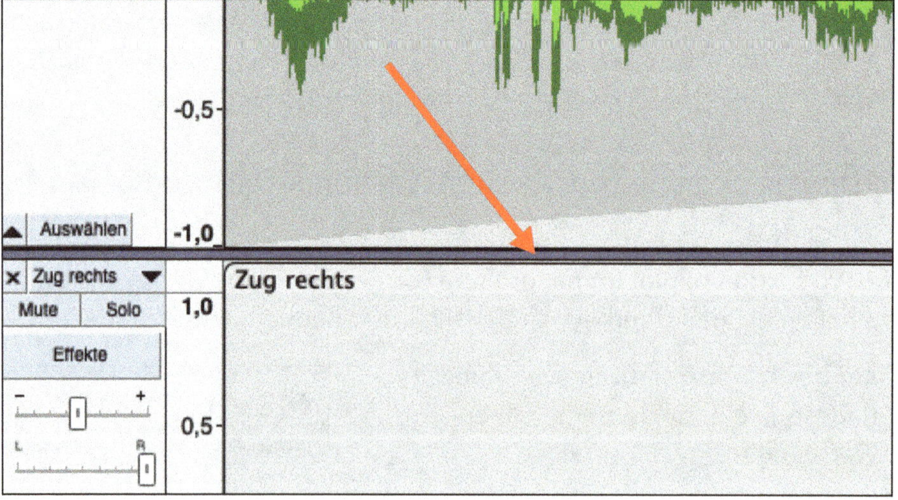

Weiter vorne im Kapitel habe ich dir schon erklärt, dass du mit den Dreiecken am unteren Rand jedes Spurkopfes die Spur ein- und ausklappen kannst. Damit verschaffst du dir mehr Platz auf deiner Arbeitsoberfläche.

Equalizer: Den Grundsound einstellen und den Klang verbessern

Ist dir im Laufe deiner Arbeit aufgefallen, dass einige Aufnahmen viel dumpfer oder viel heller klingen als andere, dass sie also mehr Bässe oder mehr Höhen haben?

Manchmal soll das genau so sein – die Stimme eines Mannes klingt in der Regel dumpfer als die Stimme einer Frau. Oder die Stimme eines jungen Menschen klingt heller als die eines erwachsenen Menschen. Ein Lastwagen klingt dumpfer als ein Motorrad oder eine Türklingel klingt heller als ein Klopfen.

Manchmal ist es aber auch eine kleine Unachtsamkeit beim Aufnehmen gewesen, die du jetzt ausbessern willst. Dann kann es also vorkommen, dass du deine Aufnahmen klanglich ein bisschen angleichen willst, damit es nicht so extreme Unterschiede im Klangeindruck gibt.

Das kannst du mit dem **Equalizer** machen. Das ist eine Klangregelung, die du vielleicht von deinem Ghettoblaster oder aus der Software kennst, mit der du deine Musik hörst. Oft gibt es dort einen Bass- und einen Höhenregler, mit dem du den Sound anpassen kannst. Je höher du den Bassregler einstellst, desto dumpfer (aber auch druckvoller) klingt deine Aufnahme, je höher du den Höhenregler einstellst, desto heller klingt deine Aufnahme. In der Fachsprache heißt das: die **Frequenzen** verändern. Das ist aber nicht zu verwechseln mit »tiefer« und »höher«, was die Tonhöhe deiner Aufnahme betrifft. Dazu kommen wir später noch.

Der Equalizer befindet sich in der Effekt-Abteilung von Audacity. Gleich erkläre ich dir, wie du ihn benutzt, aber vorher noch ein sehr wichtiger Hinweis.

*Alle Effekte im Audacity-Effekt-Menü arbeiten in der Regel **destruktiv**. Das bedeutet, dass alle Bearbeitungen, die du mit den Effekten machst, später nicht mehr verändert werden können. Sie sind für immer in deine Aufnahme eingeschrieben. Du kannst zwar die »Rückgängig«-Funktion benutzen, damit machst du aber alle anderen späteren Bearbeitungsschritte auch rückgängig. Bevor du also Bearbeitungen mit den Effekten vornimmst, bei denen du dir nicht ganz sicher bist, empfehle ich dir, immer eine Sicherheitskopie des Clips oder der Audiospur zu erstellen. Wie das funktioniert, erkläre ich dir unter »Die Postproduktion: Effekte, Geräusche, Musik – fertig!«.*

Jetzt also zum Equalizer:

1. **Markiere den Clip oder die gesamte Spur, die du verändern willst.**
2. **Klicke im Menü auf Effekt, dann EQ und Filter, dann Filterkurve-EQ...**

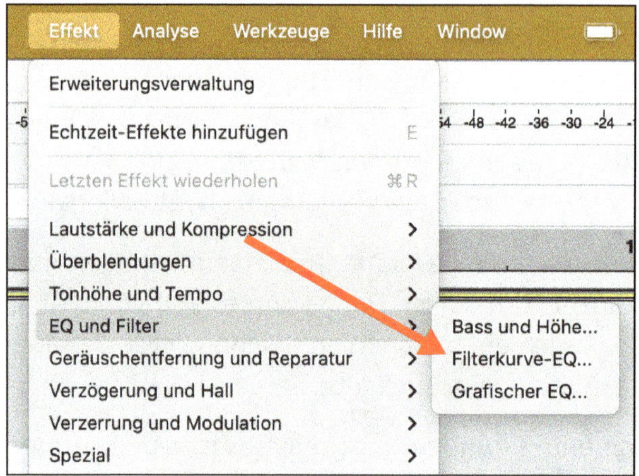

Es öffnet sich ein neues Fenster.

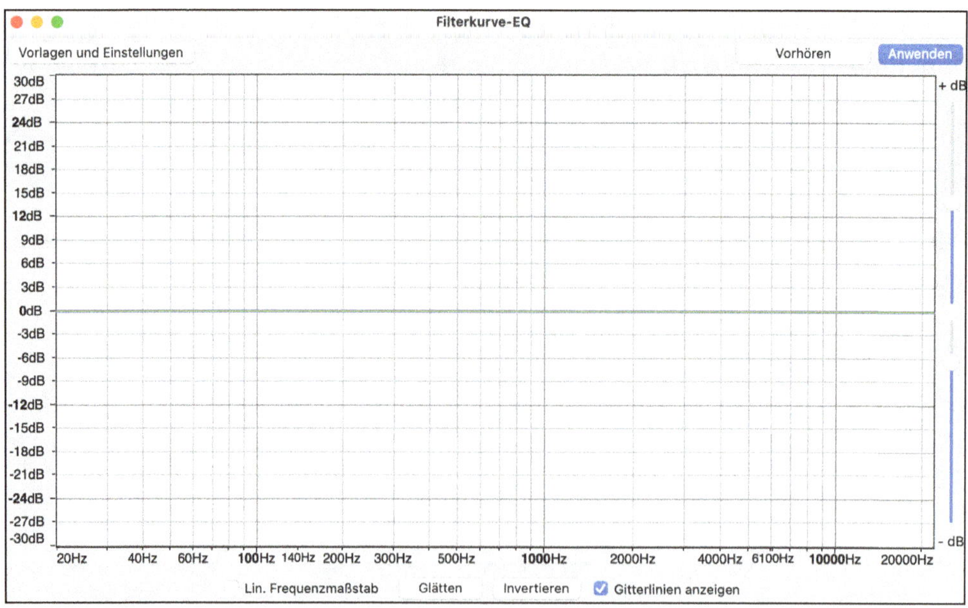

Auf der unteren, horizontalen Achse, die von links nach rechts verläuft, kannst du die Frequenz ablesen. **Je tiefer die Frequenz, also je weiter links, desto dunkler klingt eine Aufnahme. Je höher die Frequenz, also**

je weiter rechts, desto heller klingt sie. Auf der linken, vertikalen Achse, die von unten nach oben verläuft, kannst du die Lautstärke der einzelnen Frequenzen ablesen. Und diese verschiedenen Frequenzen kannst du jetzt in der Lautstärke regeln und damit den Klang deiner Aufnahme verändern.

Alle Effekte in Audacity haben sehr viele Einstellmöglichkeiten (oder Parameter). Meistens brauchst du nur wenige davon, um zu deinem gewünschten Ergebnis zu kommen. Ich erkläre dir für jeden vorgestellten Effekt die wichtigsten Parameter. Alle anderen kannst du im Laufe der Zeit selbst erforschen.

3 **Klicke mit der linken Maustaste in die grüne Linie.**

Ein weißer Ankerpunkt entsteht, wie du ihn schon vom Hüllkurvenwerkzeug kennst.

4 **Zeichne eine Frequenzkurve, indem du mehrere Ankerpunkte erzeugst und sie auf den Achsen nach rechts oder links und nach unten oder oben verschiebst.**

Wenn du die tieferen Frequenzen lauter stellst, also ihre Ankerpunkte weiter nach oben verschiebst, klingt deine Aufnahme dumpfer. Wenn du die höheren Frequenzen lauter stellst, klingt deine Aufnahme heller. Als Beispiel habe ich eine Kurve gezeichnet, mit der eine Männerstimme nicht ganz so dumpf klingt. Man kann sie jetzt ein bisschen besser verstehen.

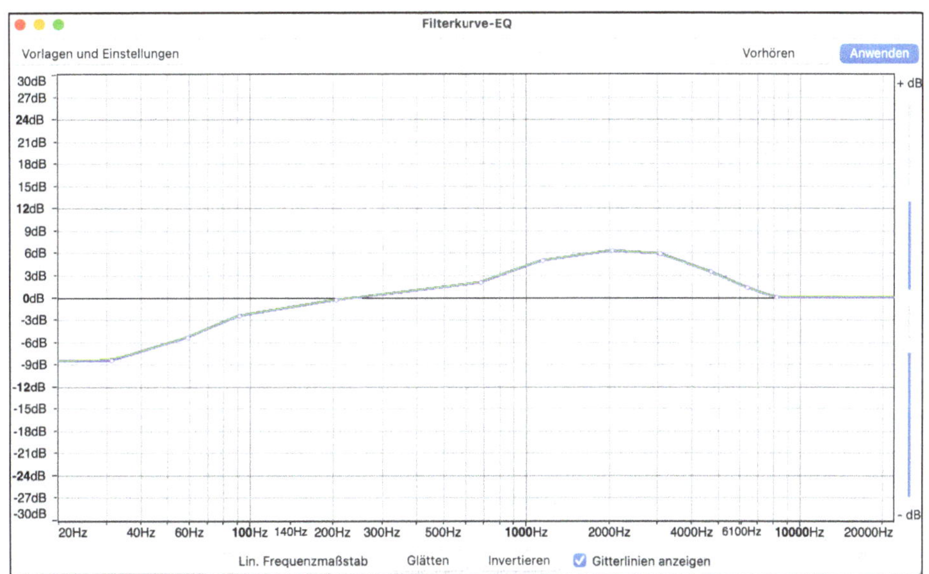

5 **Um einen Ankerpunkt zu löschen, ziehe ihn ganz nach oben oder ganz nach unten über das Gitter hinaus.**

Er verschwindet dann. Auch das kennst du schon vom Hüllkurvenwerkzeug.

6 **Klicke auf Vorhören.**

Damit kannst du deinen markierten Bereich mit dem eingestellten Equalizer anhören. Klicke noch nicht auf Anwenden, denn dann ist die Bearbeitung für immer so festgeschrieben!

7 **Probiere ausführlich mit dem Equalizer herum: Wie verändert sich der Klang und wie passt er am besten zu den anderen Spuren?**

Wenn du dich vollkommen verrannt hast, und noch mal ganz von vorn anfangen willst, klicke auf Glätten. Dein grünes Knäuel bildet sich zurück zu der schönen glatten Linie vom Anfang. Auf ein Neues!

8 **Wenn du mit deinen Bearbeitungen zufrieden bist, klicke auf Anwenden.**

Kapitel 7

Die Postproduktion: Effekte, Geräusche, Musik – fertig!

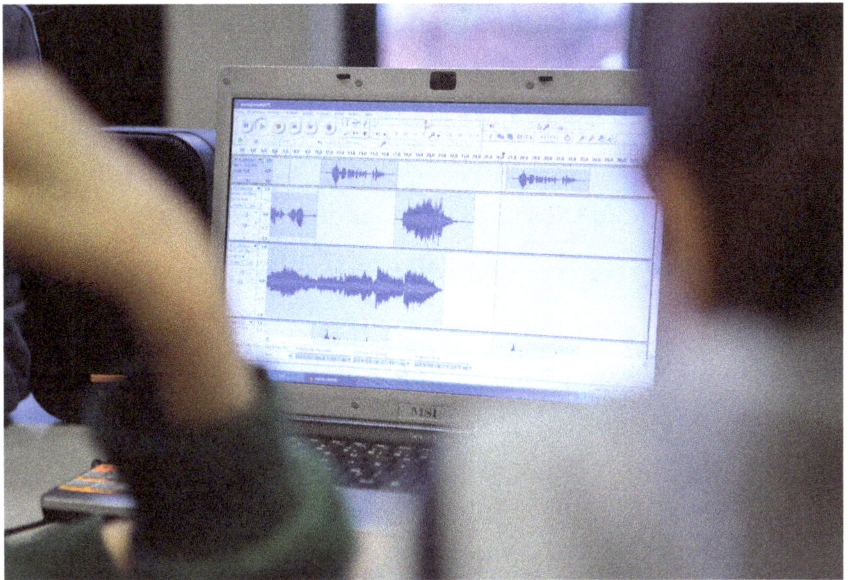

Jetzt greifst du ganz tief in die Trickkiste von Audacity. Du »malst« deine Audiolandschaft mit den buntesten Farben aus. Tobe dich mit den vielen Effekten aus, die die Software bereitstellt. In diesem Kapitel helfe ich dir, die besten und passendsten Effekte auszuwählen, um dein Hörspiel oder deinen Podcast richtig spannend und unterhaltsam zu gestalten. Ich stelle dir die wichtigsten Effekte vor und zeige dir, wie du sie benutzt. Es gibt aber noch viel mehr Effekte, als ich hier aufzähle. Wieder ist dein Entdeckerdrang gefragt.

Der Mix: Die Effekte

Als Erstes empfehle ich dir noch mal, von allen Clips und Spuren, die du mit Effekten bearbeiten willst, **Sicherheitskopien** anzulegen. Darauf kannst du immer wieder zurückgreifen, wenn irgendwas so richtig schiefgegangen ist oder wenn dir deine Bearbeitungen überhaupt nicht mehr gefallen. Am Ende des vorigen Kapitels »Postproduktion: Grundlagen« habe ich dir schon erzählt, dass Audacity »destruktiv« arbeitet. Lies am besten dort noch mal nach, was das genau bedeutet. Die einfachste Art, Sicherheitskopien anzulegen, beschreibe ich dir jetzt.

1. **Markiere den Clip oder die gesamte Spur, von der du eine Sicherheitskopie anlegen willst.**
2. **Klicke im Menü auf Bearbeiten, dann Duplizieren (cmd ⌘ + D).**

   Es bildet sich eine neue Spur ganz unten auf der Arbeitsoberfläche. Dort liegt eine exakte Kopie des Clips oder der gesamten Spur.
3. **Schalte die Spur stumm, indem du in ihrem Spurkopf auf Stumm klickst.**
4. **Beschrifte die Spur in ihrem Spurkopf sinnvoll.**

   Wenn deine Original-Spur »Erzähler« heißt, kannst du die Sicherheitskopie zum Beispiel mit »S_Erzähler« beschriften. »S_« steht für Sicherheitskopie, und du weißt immer sofort, worum es sich handelt.

   Du könntest alle Sicherheitskopien auch mit einer einheitlichen Farbe kennzeichnen.
5. **Klapp die Spur ein und vergiss sie, bis du sie irgendwann brauchen solltest.**

Durch die destruktive Funktionsweise benötigt Audacity sehr wenig Arbeitsspeicher und braucht wenig Rechnerleistung. Die Effekte werden nicht bei jedem Abspielen der Aufnahmen neu berechnet, sondern sie werden ein einziges Mal in die Aufnahme hineingerechnet und sind damit unwiderruflich mit ihr verbunden. Das Programm ist eben schnell und umsonst im Internet erhältlich, und du kannst es in der Regel mit jedem Computer benutzen.

Equalizer: Klanggestaltung

Mit dem Equalizer kannst du den Klang deiner Aufnahmen nicht nur ausbessern, sondern du kannst sie gestalten. Du kannst damit auch inhaltliche Aussagen treffen, beispielsweise wo sich eine Person befindet und was sie gerade tut. Ein sehr eindrucksvolles Beispiel ist ein Telefongespräch: Wenn zwei Personen in deinem Hörspiel miteinander reden, könntest du mit dem Equalizer dafür sorgen, dass sie telefonieren und die eine Person sich eben am anderen Ende der Leitung aufhält.

1. **Markiere den Clip, den du bearbeiten willst.**

   Das wäre also die Person, die am anderen Ende der Leitung ist. Markiere nicht die ganze Spur, sondern nur den Zeitraum, wenn der Sprecher telefoniert.

2. **Klicke im Menü auf Effekt, dann auf EQ und Filter, dann auf Filterkurve-EQ …**

   Es öffnet sich das Equalizer-Fenster, das du schon kennst.

3. **Zeichne mit den weißen Ankerpunkten eine bogenförmige Linie, die ihren höchsten Punkt bei ungefähr 1.000 Hz hat.**

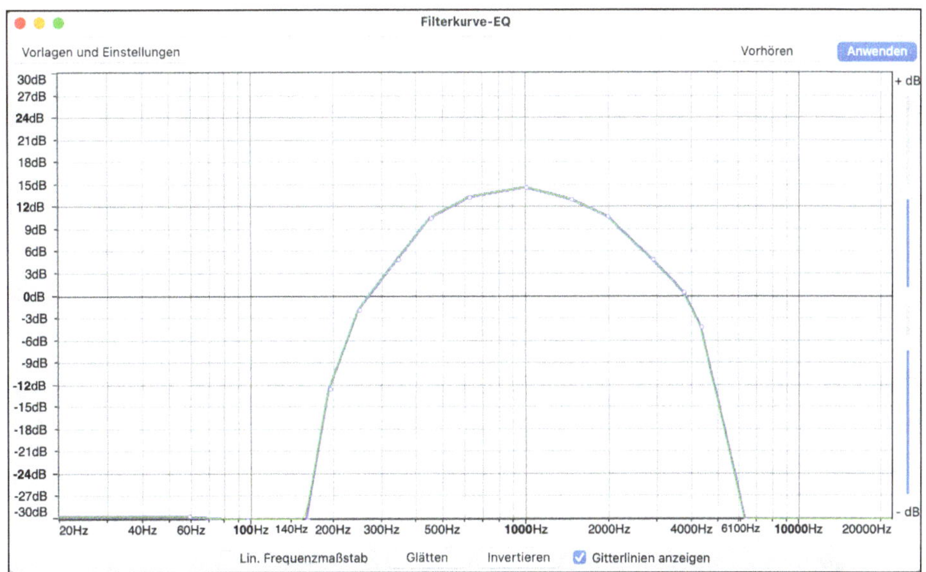

Das bedeutet, dass du alle tiefen und alle hohen Frequenzen (die dumpfen und die hellen Anteile des Klangs) leise gemacht hast. Außerdem hast du die mittleren Anteile des Klangs lauter gemacht.

Da in einem Telefon nur kleine Lautsprecher stecken, übertragen sie die tiefen und hohen Frequenzen nicht so gut. Sie verstärken aber die mittleren Frequenzen, die für die Verständlichkeit der Sprache wichtig sind.

4. **Klicke auf Vorhören, um die Veränderungen zu überprüfen.**
5. **Probiere ein bisschen mit der grünen Linie herum, bis dir der Sound des Telefons gefällt und du ihn passend findest.**
6. **Wenn du zufrieden bist, klicke auf Anwenden.**

Jetzt bastelst du noch ein Telefonklingeln oder die Tastentöne davor, und schon hast du aus einem einfachen Dialog ein viel eindrucksvolleres Telefongespräch gezaubert.

Ähnlich kannst du auch vorgehen, wenn du beispielsweise eine Lautsprecheransage im Bahnhof oder eine Durchsage im Supermarkt brauchst.

Wenn eine Person sich in einem anderen Raum aufhält, hörst du sie in der Regel nicht nur leiser, sondern sie klingt durch die Wand oder die Tür auch ein bisschen dumpfer.

Und wie klingt eine verschlafene Person unter einer Bettdecke? Lass deiner Phantasie freien Lauf (aber vergiss die Sicherheitskopien nicht!).

Die meisten Effekte bieten auch **Voreinstellungen** an. Das sind Vorschläge, wie du einen Effekt benutzen kannst. Oft sind sie mit bestimmten Namen versehen, die ihre Funktion beschreiben. Beim Equalizer sind das zum Beispiel Telefon oder Funkgerät. Diese Voreinstellungen kannst du für dich benutzen. Du findest sie beim Equalizer unter Vorlagen und Einstellungen, dann Werkseinstellungen.

Und das Beste: Du kannst deine eigenen Einstellungen abspeichern und für einen anderen Clip, eine andere Spur oder sogar für eine ganz andere Szene wieder aufrufen und benutzen.

1. **Wenn du deinen Sound so eingestellt hast, dass er dir gefällt, klicke im Equalizer-Fenster auf Vorlagen und Einstellungen.**
2. **Klicke im nächsten Menü auf Voreinstellung speichern …**

Es öffnet sich ein weiteres Fenster. Dort kannst du einen passenden Namen eingeben.

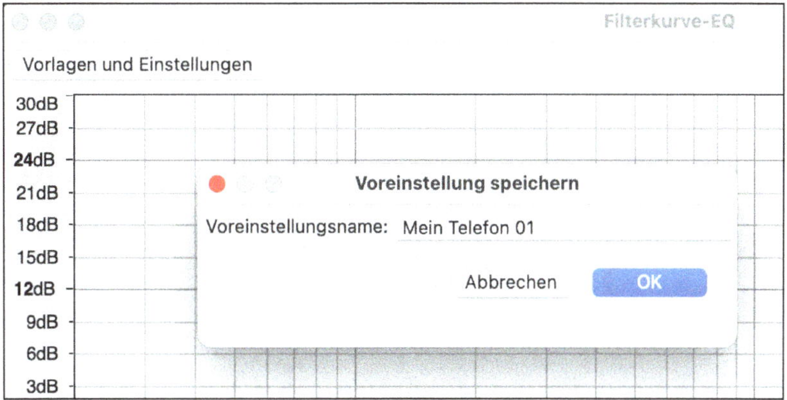

3 **Klicke auf OK.**

4 **Wenn du diese Voreinstellung für einen anderen Clip aufrufen willst, klicke im Equalizer-Fenster auf Vorlagen und Einstellungen, dann in der Drop-down-Liste auf Benutzervoreinstellungen und wähle dann deine Einstellung aus.**

Im Gitterfenster des Equalizers bildet sich die dazugehörige Kurve.

5 **Klicke Anwenden.**

Vielleicht hast du inzwischen schon entdeckt, dass es in Audacity auch einen Effekt zur Rauschunterdrückung gibt, die sogenannte Rausch-Verminderung. Ich finde, dass dieser Effekt sehr kompliziert zu bedienen ist und auch nicht wirklich zufriedenstellend funktioniert. ***Ich empfehle dir daher, schon bei der Aufnahme darauf zu achten, dass dein Signal nicht zu sehr rauscht.*** *Wenn du sorgfältig Nebengeräusche vermeidest und den Aufnahmepegel gut einstellst, bekommst du das Rauschen in der Regel gut in den Griff. Zur weiteren Verbesserung kannst du dann noch ein bisschen mit dem Equalizer experimentieren und rauschende Anteile in deiner Aufnahme herausfiltern. Lies dazu noch mal weiter vorne im Buch den Abschnitt »Equalizer: Den Grundsound einstellen und den Klang verbessern« im Kapitel »Die Postproduktion: Grundlagen«.*

Hall

Willst du deine Szene im Badezimmer spielen lassen? Oder in einer Turnhalle? Oder sogar in einer großen Kirche? Das kannst du mit dem Hall-Effekt in Audacity machen. Manche sagen auch »Nachhall« oder »Schall« dazu, wir bleiben aber bei dem Wort »Hall«.

Im Kapitel »Story und Skript« habe ich über einen »inneren Monolog« gesprochen. Das ist eine Art Selbstgespräch, das eine Person mit sich führt. Um deinen Zuhörern deutlich zu machen, dass es sich um einen inneren Monolog handelt, kannst du den Hall auch einsetzen. Oder ein Echo, das ich dir ein bisschen später erklären werde.

Hall *entsteht, wenn ein Geräusch oder deine Sprache auf ein Hindernis (beispielsweise eine Wand) trifft und von dort reflektiert, also zurückgeworfen wird. Du hörst dann die Worte, die aus deinem Mund kommen, und zusätzlich die Reflexion vom Hindernis. Weil diese Reflexion aber ein bisschen später auf dein Ohr trifft, gibt es eine kleine Zeitverzögerung – das ist der Hall. Wenn das Hindernis weit entfernt ist, trifft diese Reflexion später an dein Ohr. Wenn das Hindernis näher ist, trifft sie früher auf dein Ohr. Man sagt: »Der Hall ist länger« oder »Der Hall ist kürzer«. Kurz: Je größer der Raum, desto länger der Hall.*

Der Hall ist aber auch noch von dem Material des Hindernisses abhängig. Wenn es zum Beispiel eine sehr glatte und harte Wand ist (etwa Kacheln oder Glas), wird das Signal stärker reflektiert und es klingt härter oder heller. Es wird auch zwischen den Wänden eines Raums hin und her reflektiert. Dann ist der Hall noch länger. Wenn es eine Wand aus Holz oder eine tapezierte Zimmerwand ist, wird das Signal weniger reflektiert und es klingt dumpfer, weil es sich in dem weicheren Material »totläuft«.

Du kannst dir bestimmt die typischen Klänge in einer Kirche, einem Schwimmbad, eurem Treppenhaus oder in einer Holzscheune in deinem inneren Ohr vorstellen. Du kannst dir in Audacity alle diese Räume regelrecht bauen, in jeder beliebigen Größe und aus jedem beliebigen Material. Probiere es einmal aus.

1 **Markiere einen Clip oder eine ganze Spur.**

2 **Klicke im Menü auf Effekt, dann auf Verzögerung und Hall, dann auf Hall …**

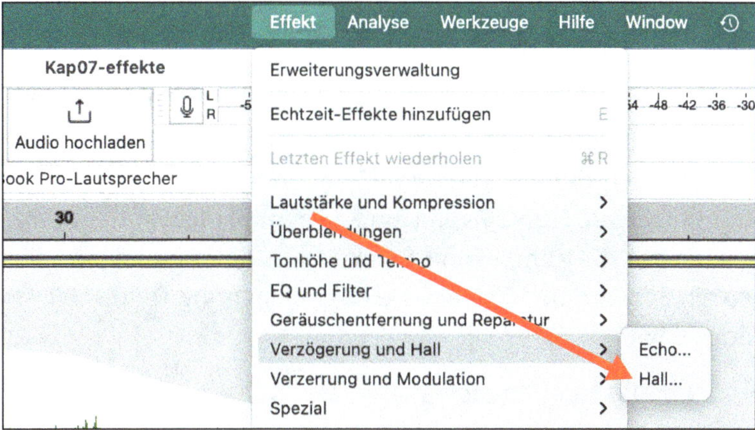

Es öffnet sich ein neues Fenster.

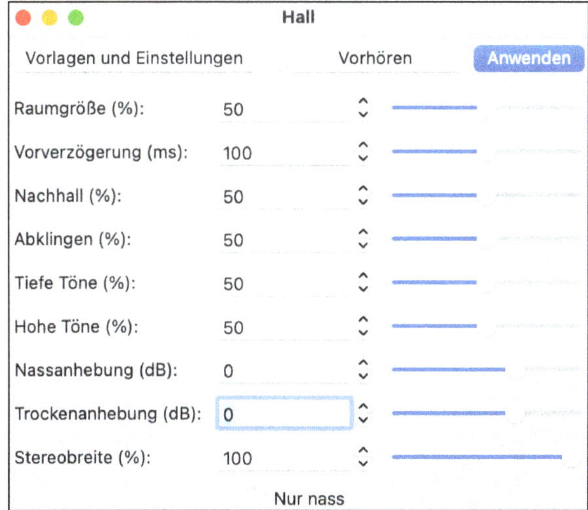

Lass dich nicht von den vielen **Parametern**, also den Einstellmöglichkeiten, abschrecken. Wie so oft brauchst du für den Anfang nur wenige Einstellungen.

Ich erkläre dir die wichtigsten Parameter, die du mit den Schiebereglern einstellen kannst:

- Raumgrösse: Hier kannst du die Größe des Raums einstellen: Je größer der Raum, desto mehr Hall gibt es.
- Nachhall: Hier stellst du ein, wie lange der Hall klingt.
- Tiefe Töne/Hohe Töne: Hier kannst du das Material der Wände einstellen. Wenn du die tiefen Töne auf »100 %« und die hohen Töne auf »0 %« stellst, werden nur die tiefen Töne reflektiert. Der Raum hört sich eher dumpf an, zum Beispiel ein Raum mit Holzwänden. Umgekehrt werden nur die hohen Töne reflektiert und der Raum hört sich eher wie ein Schwimmbad oder eine Kirche an: hohe Töne »100 %«, tiefe Töne »0 %.
- Nur nass: Das ist ein bisschen abstrakt. Wenn du diese Checkbox anklickst, hörst du nur den Hall, ohne das eigentliche gesprochene Signal. So eine Situation gibt es im echten Leben eigentlich gar nicht. Du kannst damit aber ganz gut den Klang des Effekts überprüfen, gerade was das Material deines neuen Raumes angeht.

Mit all diesen Einstellungsmöglichkeiten erzielst du schon beeindruckende und zufriedenstellende Ergebnisse. Experimentiere aber auch mit den anderen Parametern.

Wenn du Effekte einsetzt, solltest du immer wieder auch mit Kopfhörern arbeiten, damit du die Einstellung gut kontrollieren kannst.

Du solltest die Einstellungen der Effekte immer erst vorhören, bevor du sie endgültig übernimmst. Manchmal kann es sein, dass du lieber länger als nur ein paar Sekunden vorhören möchtest, um den Effekt besser beurteilen zu können. Du kannst die Vorhör-Länge folgendermaßen verändern: Klicke im Menü auf Audacity, dann Einstellungen, dann Wiedergabe. Bei Effekte vorhören kannst du eine längere Zeit eingeben.

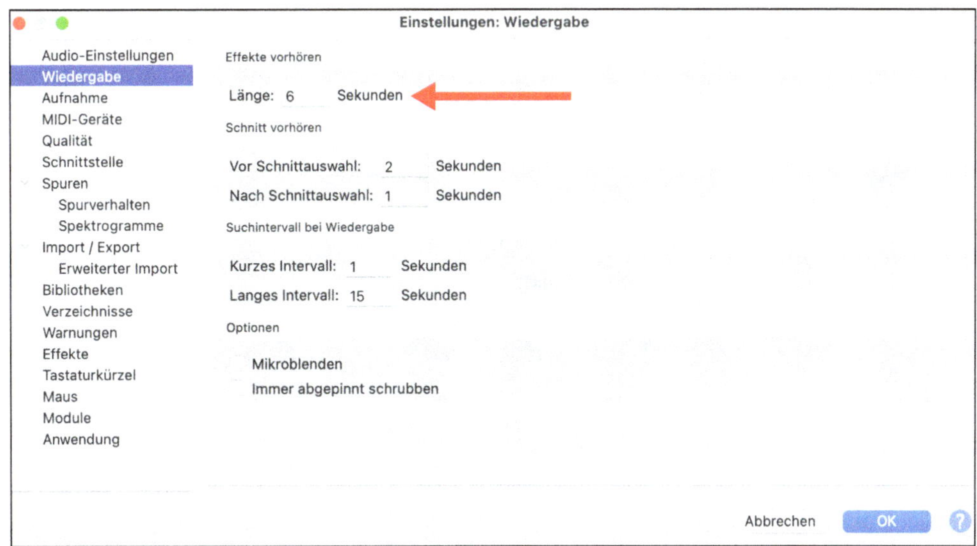

Echo

Stell dir vor, du bist im Gebirge und rufst laut deinen Namen. Nach kurzer Zeit hörst du ein Echo oder vielleicht sogar mehrere. Auch in einem sehr großen Raum, zum Beispiel in einer Kathedrale oder in einem sehr langen Tunnel kannst du ein Echo hören. Das Echo ist eine Reflexion von einem Hindernis, zum Beispiel eben von einer Felswand in den Bergen.

Die Felswand ist natürlich weiter entfernt als eine Zimmerwand oder eine Wand in einer kleinen Kirche. Das zurückgeworfene Signal braucht länger, bis es wieder auf dein Ohr trifft. Man sagt: Das Echo ist »länger«, wenn das Hindernis weiter entfernt ist, oder »kürzer«, wenn es näher ist.

Hall oder Echo? Man könnte sagen, dass der Hall eine große Menge von sehr kurzen Echos ist, die von mehreren Wänden auf dein Ohr zurücktreffen. Diese Echos sind so kurz (also der Raum ist so klein), dass du sie als einzelne Signale gar nicht hören kannst. Außerdem kommen sie in einem Raum aus mehreren Richtungen gleichzeitig. Und sie sind auch noch verschieden lang, wenn du nicht genau in der Mitte des Raums stehst.

Genauso wie mit dem Hall kannst du mit dem Echo-Effekt und seinen verschiedenen Einstellmöglichkeiten einen Raum oder eine Umgebung gestalten.

1. **Markiere den Clip oder die Spur, die du bearbeiten willst.**
2. **Klicke im Menü auf Effekt, dann auf Verzögerung und Hall, dann auf Echo ...**

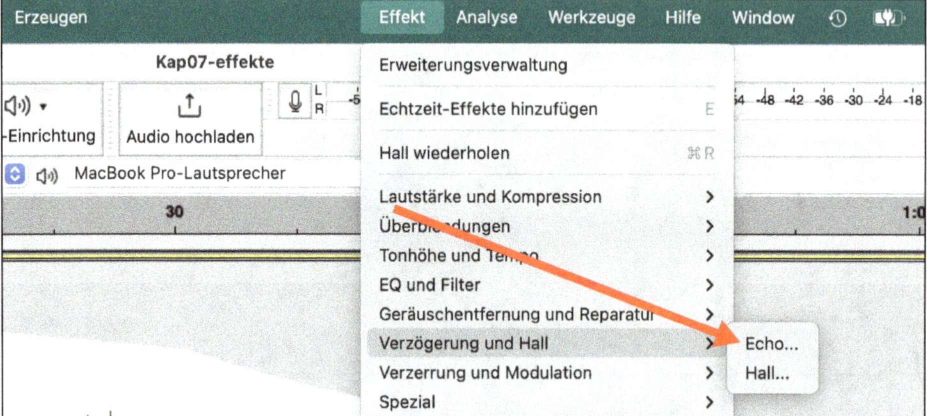

Es öffnet sich ein neues Fenster. Das sieht schon deutlich übersichtlicher aus! Es gibt nur zwei Parameter:

- Verzögerungszeit (Sekunden): Hiermit stellst du ein, wie lang das Echo ist, das heißt, nach wie vielen Sekunden du die erste Echo-Wiederholung hörst. Du legst damit fest, wie weit die fiktive Wand oder der Berg entfernt ist.
- Abklingfaktor: Hiermit stellst du ein, wie laut die Wiederholungen sein sollen. Wenn du einen Wert unter »1« einstellst, werden die Wiederholungen mit jedem Mal leiser. Wenn du »1« einstellst, sind alle Wiederholungen gleich laut und klingen nie ab. Wenn du einen Wert über »1« einstellst, werden die Wiederholungen mit jedem Mal lauter. In der Wirklichkeit gibt es so etwas natürlich nicht, das ist also ein Effekt, der sehr unnatürlich ist. Du kannst ihn aber gut für gruselige Szenen einsetzen. Aber Vorsicht: Es kommt schnell zu Verzerrungen!

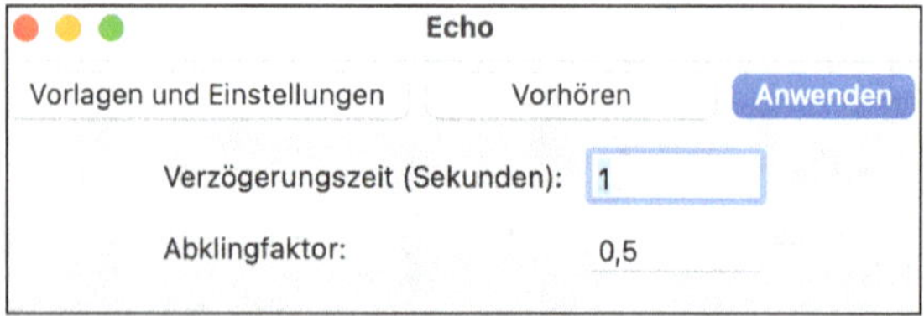

Du kannst auch hier die Vorhör-Länge für den Effekt verlängern. Schau beim Hall-Effekt nach, wie das genau geht.

Denke wie bei allen Effekten unbedingt immer wieder an die Vorhören-Funktion!

Experimentiere mit Hall und Echo ein bisschen herum, um dir einen passenden Raum oder eine passende Umgebung zu gestalten.

Wie sieht´s denn hier aus – und wie hört es sich an?

Du hast jetzt schon einige Möglichkeiten kennengelernt, einen Raum zu gestalten: die Lautstärke, das Links-/Rechts-Panorama, den Equalizer, den Hall und das Echo. Nimm doch mal die Raumgestaltung wirklich wörtlich. Stell dir den Raum vor deinem inneren Auge vor. Und vor deinem inneren Ohr! Wie laut oder leise ist ein Geräusch oder ein Gespräch? Wie nah dran stehst du? Ist es eher rechts oder links? Klingt es eher dumpf oder hell? Hat der Raum viel Hall oder klingt er eher trocken? Hörst du gar ein Echo? Erforsche und erlausche einfach mal deine alltägliche Umwelt: Schließe die Augen und stell dir genau diese Fragen. Du wirst erstaunt sein, was du plötzlich alles hörst und wie es sich anhört!

Tonhöhe

Micky Maus oder Darth Vader? Kind oder Greis? Mann oder Frau? Mit dem Tonhöhen-Effekt kannst du deine Stimme höher oder tiefer klingen lassen. Sie klingt jetzt wirklich tiefer oder höher, nicht dumpfer oder heller wie beim Equalizer.

1. **Markiere den Clip oder die Spur, die du bearbeiten willst.**
2. **Klicke im Menü auf Effekt, dann auf Tonhöhe und Tempo, dann auf Tonhöhe ändern …**

Es öffnet sich ein neues Fenster. Hier ist der Schieberegler Änderung in Prozent am wichtigsten.

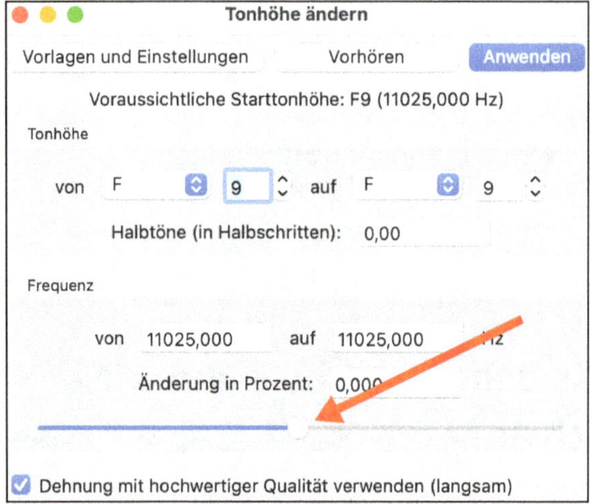

Wenn du ihn weiter nach links schiebst, wird die Stimme tiefer, wenn du ihn weiter nach rechts schiebst, wird sie höher. Die Änderung wird in Prozent angezeigt. Mit der Zeit wirst du ein Gefühl dafür entwickeln, wie du den Regler bedienen musst, um den gewünschten Effekt zu erreichen.

3 **Klicke die Checkbox Dehnung mit hochwertiger Qualität verwenden (langsam) an.**

Damit verbessert sich die Qualität des Effekts deutlich. Zwar dauert die Verarbeitung ein paar Sekunden länger, aber es lohnt sich sehr!

4 **Wenn du zufrieden bist, klicke Anwenden.**

Bei diesem Effekt ist noch mehr Vorsicht geboten: Wenn du ihn zu extrem einsetzt, klingt er sehr schnell unnatürlich. Aber natürlich kannst du es auch mit voller Absicht machen – entweder für einen Grusel-Effekt oder als lustigen Lacher!

Tempo ändern

Du kannst auch das Tempo, also die Abspielgeschwindigkeit deiner Aufnahmen ändern. Damit kannst du den Charakter einer Person ein bisschen verändern: Ist sie eher träge und gelangweilt, spricht sie langsamer. Ist sie eher hektisch und aufgeregt, spricht sie schneller. Darauf solltest du schon bei der Interpretation der Rolle während der Aufnahme achten, aber mit dem Tempo-Effekt kannst du noch ein bisschen nachbessern.

Wenn du die Aufnahme schneller abspielst, dauert sie natürlich auch nicht so lange. Im Radio macht man sich das manchmal zunutze, um einen Beitrag noch in die freie Sendezeit zu quetschen. Vielleicht hast du in deinem Hörspiel auch eine Stelle, die du verkürzen möchtest, ohne dass du etwas von deiner Aufnahme wegschneiden musst.

1. **Markiere den Clip oder die Spur, die du bearbeiten willst.**
2. **Klicke im Menü auf Effekt, dann auf Tonhöhe und Tempo, dann auf Tempo ändern …**

   Es erscheint ein neues Fenster.

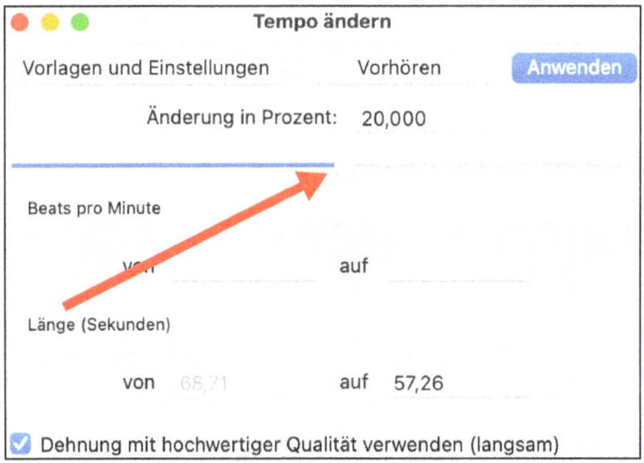

   Auch hier ist der Schieberegler wichtig. Je weiter du ihn nach links schiebst, desto langsamer ist die Aufnahme, je weiter nach rechts, desto schneller ist sie. Du kannst die Veränderung auch als Prozentzahl eingeben.

3. **Klicke in der Checkbox auf Dehnung mit hoher Qualität verwenden (langsam).**
4. **Klicke auf Vorhören.**
5. **Wenn du mit den Einstellungen zufrieden bist, klicke Anwenden.**

Geschwindigkeit und Tonhöhe ändern

Mit dem Effekt Geschwindigkeit und Tonhöhe ändern kannst du zum Beispiel den Eindruck erwecken, dass du ein altes Tonbandgerät oder einen Plattenspieler schneller laufen lässt. Oder einen Anrufbeantworter vor- oder zurückspulst. Du veränderst gleichzeitig also sowohl die Tonhöhe als auch die Abspielgeschwindigkeit.

1 **Markiere den Clip oder die ganze Spur, die du verändern willst.**

2 **Klicke im Menü auf Effekt, dann auf Tonhöhe und Tempo dann auf Geschwindigkeit und Tonhöhe ändern …**

Es erscheint ein neues Fenster.

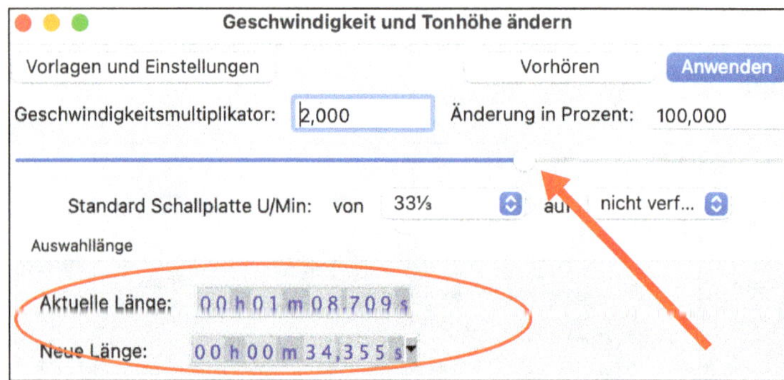

Auch hier gibt es wieder einen Schieberegler. Je weiter du ihn nach links schiebst, desto langsamer und tiefer klingt die Aufnahme. Je weiter du ihn nach rechts schiebst, desto schneller und höher klingt sie. Auch hier kannst du die Änderungen in Prozent einstellen.

Ganz hilfreich: Bei Aktuelle Länge kannst du ablesen, wie lang der Clip vor der Bearbeitung dauerte, bei Neue Länge, wie lang er jetzt geworden ist.

3 **Wenn dir die Einstellungen passend erscheinen, klicke Anwenden.**

Tonhöhe und Tempo gleitend ändern

Jetzt kommen wir zu einer weiteren Kombination von Tonhöhen- und Tempoveränderung, und es wird ganz schön spektakulär. Stell dir vor, eine Person fängt ganz normal an zu sprechen und wird dann immer schneller. Und zusätzlich spricht sie immer höher und höher. Wie eine startende Rakete. Tempo und Tonhöhe ändern sich also nicht plötzlich, sondern gleitend. Das ist fast schon ein Effekt wie in einem Comic-Film und eignet sich bestimmt gut, wenn du auch ein eher lustiges und verrücktes Hörspiel machen willst. Oder stell dir ein Tonbandgerät mit einer alten Batterie vor. Es leiert und wird immer langsamer, bis es schließlich ausgeht.

1 **Markiere den Clip oder die ganze Spur, die du bearbeiten willst.**

2 **Klicke im Menü auf Effekt, dann auf Tonhöhe und tempo, dann auf Gleitdehnung ...**

Es erscheint ein neues Fenster.

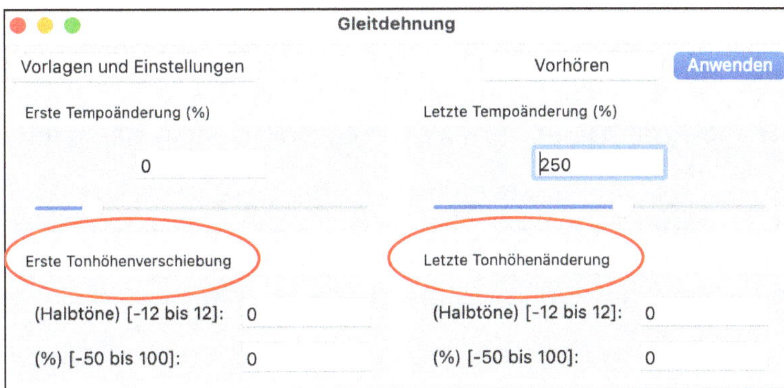

Ich erkläre dir die beiden wichtigsten Einstellmöglichkeiten:

Auf der linken Seite kannst du bei Erste Tempoänderung das **Anfangstempo** des Clips festlegen. Wenn der Schieberegler auf »0« steht, startet der Clip mit der Originalgeschwindigkeit. Wenn du ihn weiter nach links schiebst, startet er schon mit einer langsameren Geschwindigkeit. Wenn du ihn weiter nach rechts schiebst, startet er mit einer schnelleren Geschwindigkeit.

Auf der rechten Seite legst du bei Letzte Tempoänderung das **Zieltempo** des Clips fest, also wie schnell er an seinem Ende abgespielt wird. Wieder gilt: je weiter links der Schieberegler, desto langsamer und je weiter rechts, desto schneller.

3 **Probiere verschiedene Einstellungen aus und höre sie vor. Wenn du zufrieden bist, klicke auf Anwenden.**

Klingt ein bisschen kompliziert? Experimentiere ein bisschen mit den Parametern. Ich bin sicher, dass sich dann viele Fragen beantworten.

Dieser Effekt eignet sich am besten für etwas längere Passagen. Wenn du ihn nur für einen ganz kurzen Satz oder sogar nur für ein einziges Wort verwendest, kann es sein, dass er dir gar nicht richtig auffällt.

Rückwärts

Kannst du dir vorstellen, wie sich ein Wort oder ein Satz rückwärts gesprochen anhört? Bestimmt höchst seltsam! Auch dafür gibt es ein Plugin in Audacity. Das kannst du sehr gut benutzen, um so beispielsweise in einem Science-Fiction-Hörspiel die Sprache von Außerirdischen klingen zu lassen, bevor die Wissenschaftler sie enträtselt haben. Oder als Geheimbotschaft in einem Internet-Thriller …

1 **Markiere den Clip oder die ganze Spur, die du bearbeiten willst.**

2 **Klicke im Menü auf Effekt, dann auf Spezial, dann auf Rückwärts.**

Beim Rückwärts-Effekt gibt es gar keine Parameter, die du einstellen kannst oder musst. Wenn du also auf Rückwärts *klickst, wird der Befehl sofort ausgeführt und du hörst deine Aufnahme rückwärts. Du kannst den Befehl zwar rückgängig machen, aber nur wenn du es sofort machst. Aber logisch: Im Notfall kannst du die Rückwärts-Aufnahme ja noch mal rückwärts abspielen. Dann klingt sie wieder vorwärts.*

Verzerrung

Mit dem Verzerrung-Effekt kannst du deine Aufnahme übersteuern, sie klingt dann wie aus einem kaputten Lautsprecher, einem Megafon oder einem schlechten Handy. Die einzelnen Parameter sind alle ein bisschen voneinander abhängig. Ich erkläre dir die wichtigsten Parameter.

» Verzerrungstyp: Mit diesem Parameter stellst du den Grundsound des Effekts ein: beispielsweise hart, sanft, mittel. Je nachdem welchen Grundsound du wählst, kannst du verschiedene andere Parameter einstellen.

- » Übersteuerungslevel und Steuerung (0 bis 100): Hiermit stellst du ein, wie sehr deine Aufnahme verzerrt wird. Je weiter links der Schieberegler steht, desto stärker wird sie verzerrt.
- » Makeup gain (0 bis 100): Die Verzerrung kommt zustande, indem Audacity das Signal lauter macht, als es eigentlich sein darf. Hier kannst du das verzerrte Signal insgesamt wieder leiser regeln, damit es in dein Hörspiel oder deinen Podcast passt.

Verzerrung
Vorlagen und Einstellungen
Vorhören
Anwenden
Verzerrungstyp: Hartes Abschneiden
Gleichstrom-Blockierfilter
Schwellenwert-Einstellungen
Übersteuerungslevel (-100 bis 0 dB): -1,88
Grundrauschen (Nicht verwendet): -70,00
Parameter-Einstellungen
Steuerung (0 bis 100): 50,00
Makeup gain (0 bis 100): 50,00
Anzahl der Wiederholungen (Nicht verwendet): 1

Wenn dir deine Bearbeitungen gefallen, klicke auf Anwenden.

Wie ich es schon am Anfang des Kapitels gesagt hatte: Es gibt noch viel mehr Effekte in Audacity. Experimentiere ein bisschen herum und merke dir, was du mit den Effekten machen kannst. Manche wirst du öfter benutzen, andere nicht so oft.

Doch nicht ganz so destruktiv: Erweiterte Effekt-Möglichkeiten für den Audacity-Profi in dir

Alle Effekte, die du direkt aus der Menü-Leiste bei »Effekt« aufrufen kannst, funktionieren »destruktiv«. Lies am besten im Kapitel »Die Postproduktion: Grundlagen« nochmal genau nach, was das heißt.

Über den Spurkopf kannst du aber auch einige »nicht-destruktive« Effekte einsetzen, die Audacity gleich mitliefert. Sie werden hier »Echtzeit-Effekte« genannt. Das geht so:

1 **Klicke im Spurkopf auf Effekte.**

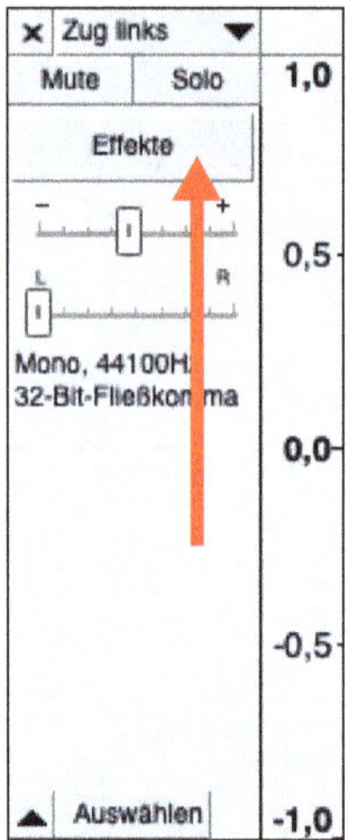

2 **Es öffnet sich die Liste Echtzeit-Effekte. Klicke dort auf Effekt hinzufügen (1), dann auf Audacity (2). Dort öffnet sich jetzt ein Flip-Menü mit den Echtzeit-Effekten, die dir sofort zur Auswahl stehen.**

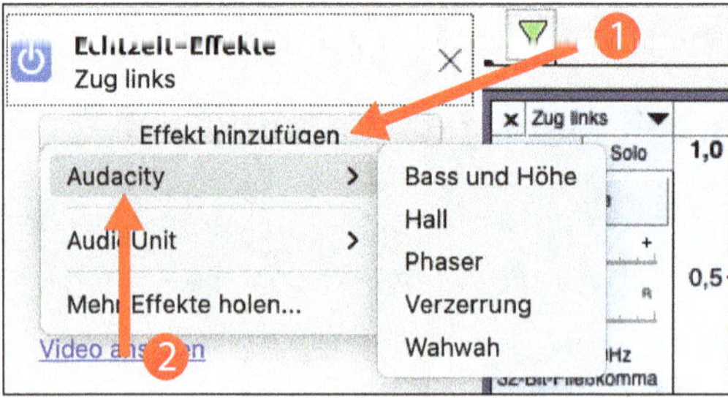

3 **Wähle einen Effekt per Mausklick aus. Wenn du einen Effekt ausgewählt und angeklickt hast, erscheint er in der Liste Echtzeit-Effekte.**

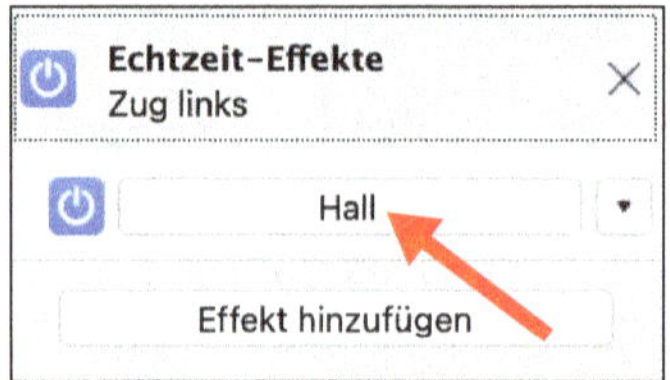

4 **Klicke dort den Effekt an, dann öffnet er sich.**

Die Einstellungen, die du jetzt im Effekt vornimmst, kannst du zu jedem Zeitpunkt deiner Produktion wieder verändern. Wenn du jetzt wieder eine Spur im Spurkopf markierst, siehst du in der Liste alle Effekte, die für die jeweilige Spur aktiv sind.

Und du kannst noch einen draufsetzen: Wenn du in der Liste auf Effekt hinzufügen und dann auf Mehr Effekte holen … klickst, kommst du auf die AudacityTeam-Homepage. Dort kannst du dir noch viel mehr Echtzeit-Effekte kostenfrei downloaden und in Audacity einbinden.

Überlege dir gut, welche Effekte du auf welche Art benutzen möchtest. Hall und Echo funktionieren in der Regel besser als Echtzeit-Effekte, weil sie länger ausklingen müssen. Tonhöhe und Equalizer kannst du bequem auch als destruktive Effekte benutzen. Aber aufgepasst: die Echtzeit-Effekte kannst du nur für eine gesamte Audiospur benutzen, nicht jedoch für einzelne Clips.

Ich würde dir aber empfehlen, erstmal mit den vorhandenen Effekten herumzuexperimentieren, da es ansonsten schnell unübersichtlich werden kann. **Die Anzahl der Echtzeit-Effekte ist außerdem auch ein bisschen abhängig von der Rechner-Leistung**. Je professioneller deine Produktionen und dein Equipment im Laufe der Zeit werden, desto mehr kannst du dann ja auch mit den erweiterten Effekten experimentieren.

Der Mix: Geräusche und Musik importieren

Was wäre dein Hörspiel ohne Geräusche und Musik? Bestimmt ziemlich unspannend. Im Kapitel »Aufnehmen für Profis« habe ich dir schon ein paar Möglichkeiten und Tricks beschrieben, wie du Geräusche selbst herstellen und mit dem Smartphone oder einem Handheld-Rekorder aufnehmen kannst. Jetzt erkläre ich dir, wie du diese Aufnahmen in Audacity importierst, um sie dort zu bearbeiten. Ich benutze wieder den »Zoom H2n«-Handheld-Rekorder. Bei deinem Smartphone sind die einzelnen Schritte grundsätzlich ähnlich.

1 **Schließe deinen Handheld-Rekorder per USB an deinen Computer an.**

2 **Scrolle mit dem Play-Rad auf SD CARD READER und drücke das Play-Rad, um die Funktion zu aktivieren.**

Der H2n funktioniert jetzt als ganz normale externe Festplatte und erscheint auf deinem Computer-Schreibtisch.

3 **Öffne Audacity.**

4 **Klicke im Menü auf Datei, dann Importieren, dann Audio …**

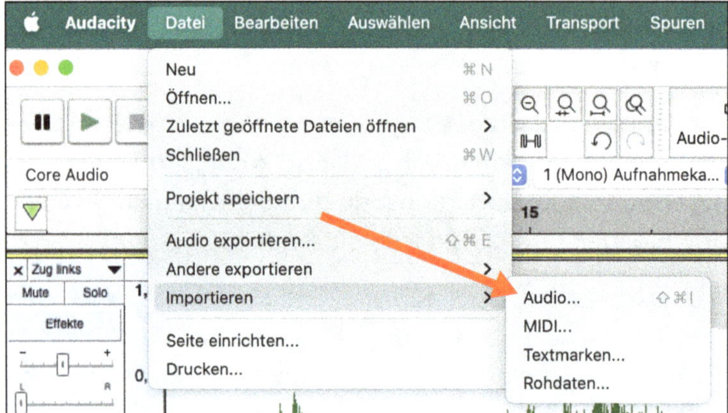

5 **Jetzt öffnet sich ein neues Fenster. Wähle nacheinander H2n (1), dann STEREO (2), dann FOLDER01 (3) an.**

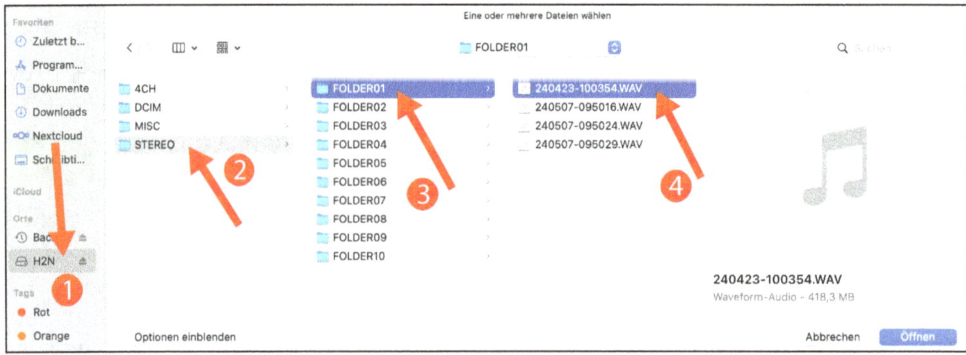

6 **Markiere dann in diesem Folder die Aufnahme, die du verwenden möchtest (4).**

7 **Klicke auf Öffnen.**

Bequemerweise öffnet sich in Audacity eine ganz neue Spur. Deine ausgewählte Aufnahme wird direkt dort hineingelegt, und zwar gleich als Stereo- oder Mono-Spur, je nachdem um welches Signal es sich handelt.

Du kannst diese Spur wie eine Aufnahme bearbeiten, die du selbst in Audacity gemacht hast. Du kannst sie schneiden, verschieben, kopieren, ein- und ausblenden, mit Effekten versehen und alles andere.

Aus dem Internet

Im Internet gibt es verschiedene Homepages, von denen du kostenlos und legal Geräusche und Musik herunterladen und für dein Hörspiel oder Podcast benutzen kannst. Meist sind das MP3-Dateien, die du gut in Audacity einbinden kannst.

Genauso wie Musik, Fotos und Texte unterliegen auch Geräusche dem Urheberrecht. Genau genommen sind es nicht die Geräusche selbst, sondern die Aufnahmen davon, die man von verschiedenen Homepages downloaden kann. Achte also unbedingt darauf, dass du Homepages findest, bei denen du die Geräusche benutzen darfst. Meistens steht das schon ganz am Anfang einer Homepage. Benutze nur Homepages, bei denen du dir wirklich sicher bist. Es gibt auch Datenbanken, aus denen du Geräusche kaufen kannst. Du solltest dir aber sehr gut überlegen, ob du für Geräusche Geld ausgeben möchtest.

Geräusche aus dem Internet

Auf der Seite www.auditorix.de findest du einige Geräusche. Klicke dich von der Startseite durch: Geräusche, dann Geräusche-Box, dann Geräusche zum Herunterladen. Dort sind die Geräusche grob thematisch sortiert und du kannst sie bequem downloaden.

Auf www.hoerspielbox.de gibt es viel mehr Geräusche. Mit der Suche-Funktion kannst du dort sogar direkt nach bestimmten Geräuschen suchen. Dabei musst du manchmal ein bisschen kreativ und geduldig sein: Wenn du nicht gleich das passende Geräusch findest, gib ein anderes, ähnliches Suchwort ein. Höre dir das Geräusch an, und wenn es dir gefällt, lade es herunter. Wie das geht, beschreibe ich dir hier:

1. **Klicke auf** Infos & MP3-Sound-Download!

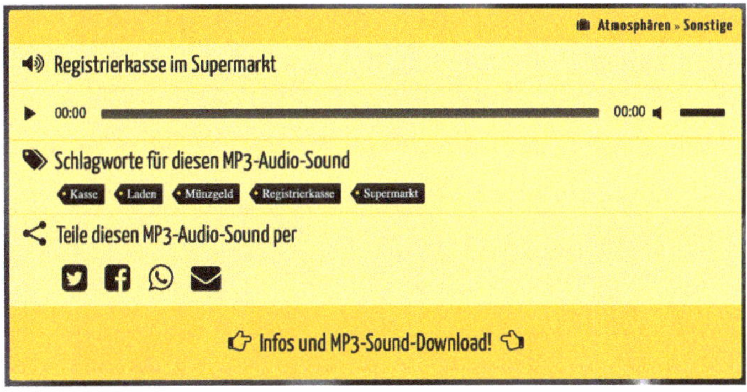

2 **Klicke im nächsten Fenster auf Zum MP3-Sound-Download!**

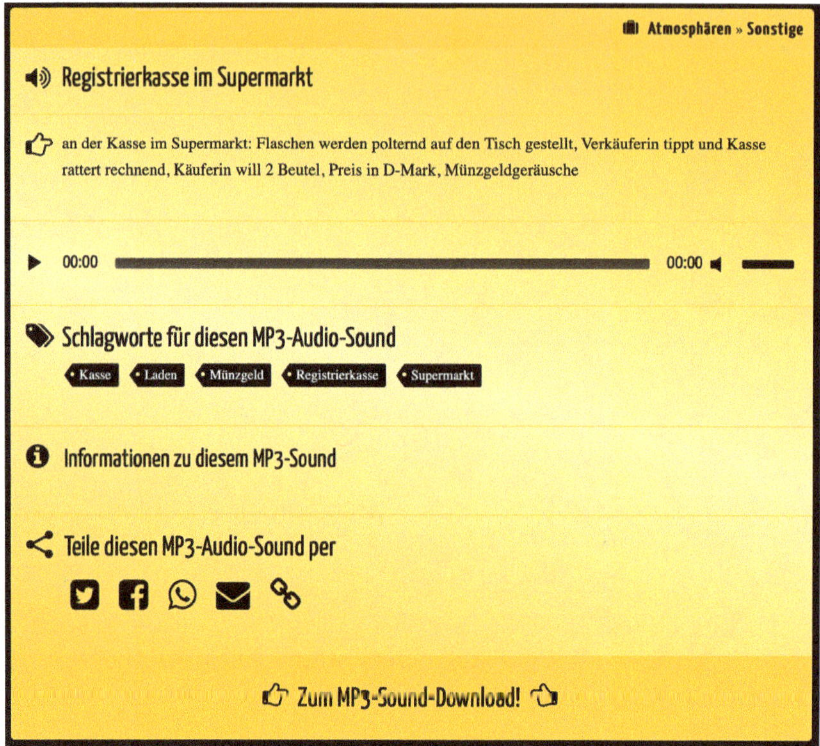

3 **Scrolle im neuen Fenster ganz nach unten und klicke dort auf MP3-Sound-Download jetzt!**

Der Sound wird jetzt in deinem Download-Ordner gespeichert. Damit es übersichtlich bleibt, empfehle ich dir, dem Sound im Download-Ordner gleich einen sinnvollen Namen zu geben. Du könntest auch alle Sounds, die du nach und nach sammelst, in einem neuen Ordner speichern. So findest du sie immer schnell wieder und kannst sie auch bequem für andere Projekte benutzen.

4 Gehe wieder auf deine Audacity-Arbeitsoberfläche und importiere die Dateien, die du brauchst.

Klicke dafür im Menü auf Datei, dann auf Importieren, dann auf Audio ... Suche den Download-Ordner (oder deinen neu angelegten Geräusche-Ordner) und klicke auf das gewünschte Geräusch.

In Audacity öffnet sich automatisch eine neue Spur, in der jetzt dein Geräusch liegt.

Die Aufnahmen, die du selbst mit dem Mikrofon direkt in Audacity gemacht hast, werden an einer anderen Stelle gespeichert. Sie sind nicht einzeln sichtbar und auch nicht in anderer Software benutzbar. Sie liegen als Paket in der Audacity-Datei.

Spezial-Tipp: Der englische Radiosender BBC hat seine Sammlung von ungefähr 16.000 Geräuschen der Öffentlichkeit zugänglich gemacht. Jeder kann dort sehr viele sehr brauchbare Geräusche umsonst und legal herunterladen und für seine Zwecke benutzen – also auch du für deine Hörspiele oder deinen Podcast! Allerdings unter der Bedingung, dass du sie nicht kommerziell nutzt, also kein Geld damit verdienst.

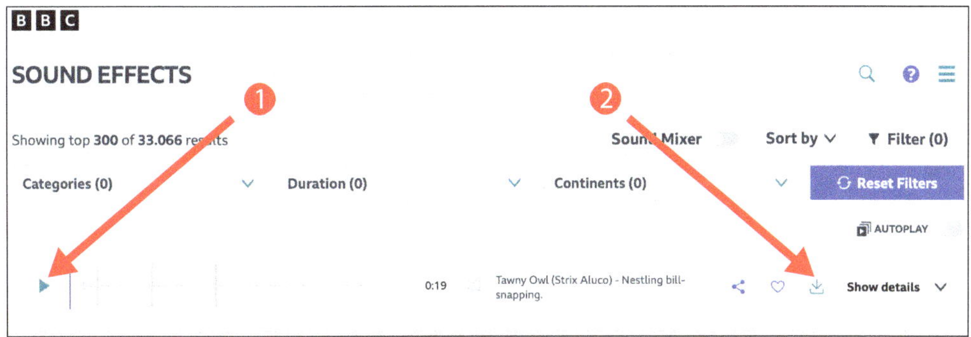

Die Geräusche liegen auf der BBC-Homepage in sehr guter WAV-Qualität vor. Es dauert also manchmal ein bisschen länger, sie herunterzuladen. Du kannst aber auch eine geringere MP3-Qualität wählen, dann geht es schneller.

Um eine Datei herunterzuladen, gehst du ganz ähnlich vor wie auf der »hoerspielbox«-Seite. Gehe auf https://sound-effects.bbcrewind.co.uk/search und klicke dort links auf das Dreieck (1), um dir den Sound anzuhören. Wenn er dir gefällt, klicke rechts auf das Download-Symbol (2). Der Sound wird dann in deinen Download-Ordner gespeichert. Alles Weitere kennst du schon.

Musik aus dem Internet

Es gibt auch Homepages, von denen du Musik kostenlos und legal downloaden und für dein Hörspiel oder deinen Podcast benutzen kannst. Bei einigen musst du dir einen Zugang – oder Account – anlegen, das heißt, du musst dich mit bestimmten Daten wie zum Beispiel deinem Namen oder deiner E-Mail-Adresse registrieren. Andere kannst du direkt benutzen, ohne dich anzumelden.

*Creative Commons: Einige Musik- und Geräusche-Homepages verlangen, dass du bestimmte Bedingungen erfüllst, wenn du ihre Aufnahmen nutzen willst. Sie stehen unter der sogenannten **Creative Commons Lizenz**. Obwohl sie kostenfrei sind, wollen die Besitzer dieser Dateien, dass du zum Beispiel ihren Namen im Abspann nennst oder dass du ihre Dateien nicht so stark veränderst, dass man sie gar nicht mehr wiedererkennt. Oder sie verbieten dir, ihre Dateien kommerziell zu nutzen. Das heißt, dass du mit deinem Projekt, für das du ihre Aufnahmen benutzt, kein Geld verdienen darfst. Lies genau auf den Homepages nach, was du darfst und was du nicht darfst.*

Und: Bei kostenlosen Anbietern ändern sich manchmal auch die Nutzungsbedingungen. Sei also sehr aufmerksam, wenn du dich auf der Suche nach Musik und Geräuschen im Internet bewegst und ziehe gerne deine Eltern zurate!

Eine Homepage, die kostenlose Musikdateien zur Verfügung stellt, ist zum Beispiel »Pixabay«. Sie steht unter der Creative-Commons-Lizenz »CC0«, das heißt, du musst hierfür keinerlei Bedingungen erfüllen. Unter dem Link https://pixabay.com/de/music/ gelangst du sofort auf die Musik-Seite. Suche dir eine passende Musik aus, die Musikstücke sind ein bisschen vorsortiert.

1. **Klicke auf das Dreieck ganz links, um dir ein Musikstück anzuhören.**

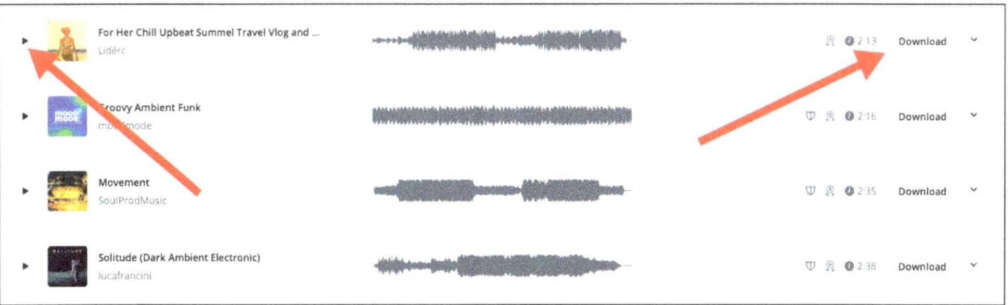

2. **Wenn es dir gefällt, klicke auf Download ganz rechts.**

   Die Musik wird in deinem Download-Ordner gespeichert.

3. **Gehe wieder auf deine Audacity-Arbeitsoberfläche und importiere das Musikstück.**

   Klicke dafür im Menü auf Datei, dann auf Importieren, dann auf Audio ... Suche deinen Download-Ordner und klicke auf das gewünschte Musikstück.

   In Audacity öffnet sich automatisch eine neue Spur, in der jetzt die Musik liegt.

Auch auf der Homepage www.auditorix.de, die ich dir bei den Geräuschen vorgestellt habe, findest du eine kleine Auswahl von Musikstücken. Mit der Zeit wirst du sicherlich weitere Homepages finden, die sowohl Geräusche als auch Musik anbieten, die du legal und kostenfrei nutzen darfst.

Und natürlich kannst du auch selbstausgedachte und selbstaufgenommene Musik benutzen. Du kannst sie – am besten als neues, eigenständiges Projekt – direkt in Audacity aufnehmen und bearbeiten. Dann exportierst du sie als Stereo-Datei und importierst sie danach in deine Hörspiel- oder Podcast-Arbeitsoberfläche. Oder du nimmst sie mit einem Handheld-Rekorder oder deinem Smartphone auf und importierst sie dann in deine Arbeitsoberfläche.

Dein Hörspiel, dein Podcast, dein Feature – dein Gesamtkunstwerk!

Deine Arbeit als Regisseur besteht darin, aus den vielen einzelnen Komponenten ein tolles Hörspiel, ein Podcast oder ein Feature zusammenzubasteln: aus den Sprachaufnahmen, den aufgenommenen, selbstgemachten und importierten Geräuschen und der Musik. Und schließlich aus den vielen Bearbeitungsmöglichkeiten in Audacity: dem Schnitt, den Lautstärken, dem Panorama, den Effekten.

Jetzt ist also der Künstler in dir gefragt: fast wie ein Maler, der aus seiner Idee, den Farben, den Pinseln und der Leinwand ein Bild malt. Oder wie ein Komponist und Dirigent, der die einzelnen Musiker und Instrumente zu einer Sinfonie zusammenfügt.

Experimentiere auch mit der Musik: Soll sie nur am Anfang, am Ende und zwischen den einzelnen Szenen erklingen (also eher als Jingle)? Oder soll sie auch innerhalb der Szenen auftauchen, um eine Situation spannender, trauriger, lustiger zu machen (wie sie oft im Film benutzt wird)? Beides geht, es hat aber ganz unterschiedliche Wirkungen.

Am besten hast du bei der Postproduktion auch immer dein Skript parat. Das hilft dir, jederzeit einen inhaltlichen und chronologischen Überblick zu behalten.

Wenn du keinen Zeitdruck hast, kannst du dein Projekt auch ruhig mal ein paar Stunden oder Tage zur Seite legen, und dich mit anderen Dingen beschäftigen. Ich habe oft erlebt, dass ich nach einer solchen Pause mit »frischen Ohren« viel besser beurteilen kann, ob irgendetwas daran noch nicht stimmt, zum Beispiel bei den Lautstärkeverhältnissen oder beim Timing im Schnitt.

Hol dir auch mal andere, neutrale Meinungen von unbeteiligten Personen ein: Können sie alles gut hören? Ist es an irgendeiner Stelle vielleicht ein bisschen zu lang oder sogar langweilig? Oder ist irgendetwas nicht zu verstehen, weil Informationen fehlen?

Wenn du die Möglichkeit hast, höre dein Projekt auch mit verschiedenen Lautsprechern, auf verschiedenen Kopfhörern und in verschiedenen Situationen (konzentriert, nebenbei und so weiter). So bekommst du einen besseren Eindruck davon, wie es schließlich auf deine Zuhörer wirkt. Höre dir zwischendurch auch immer wieder mal deine Lieblingshörspiele oder Lieblingspodcasts an, und finde heraus, welche Tricks die anderen Profis so draufhaben.

Eine fertige Szene oder das fertige Projekt exportieren

Wenn du dein Projekt fertig bearbeitet hast und damit zufrieden bist, musst du es als Nächstes **exportieren**. Das bedeutet, dass du daraus eine fertige Stereo-Datei machst, die du zum Beispiel im Internet hochladen oder auf einen Stick kopieren kannst, um sie deinen Freunden weiterzugeben. Hör dein Projekt nochmal sorgfältig mit Kopfhörern von vorne bis hinten ohne Ablenkung durch, um sicherzugehen, dass sich alles genau so anhört, wie du es dir vorgestellt hast. Dann kannst du loslegen!

1. **Klicke im Menü auf Datei und dann Audio exportieren …**

   Es öffnet sich ein neues Fenster, in dem du verschiedene Eintragungen vornehmen kannst.

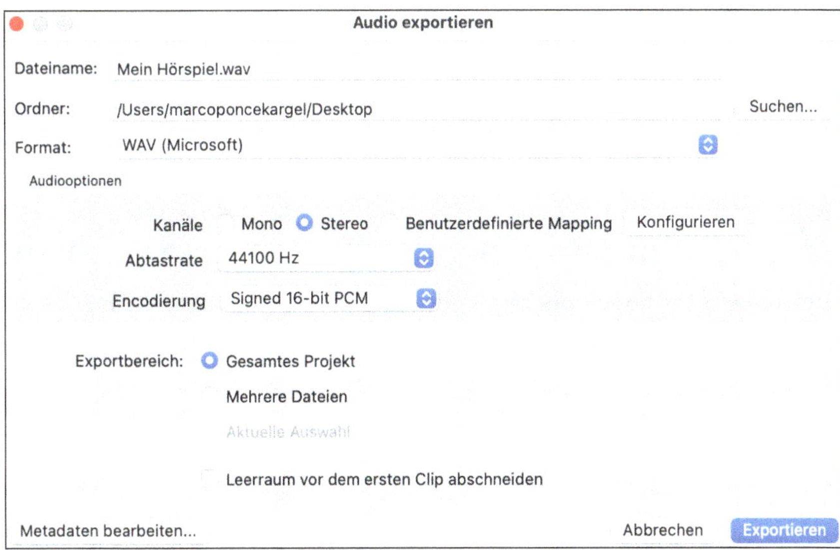

- Bei Dateiname trägst du den fertigen Namen deines Hörspiels, einer einzelnen Szene oder deiner Podcast-Folge ein.
- Bei Ordner wählst du aus, wo du dein Projekt abspeicherst. Hier ist »Desktop« eingestellt.
- Bei Format stellst du die Audioqualität ein. »WAV« ist eine sehr gute Klangqualität und kann sowohl von Windows als auch von macOS abgespielt werden. Wenn du schon weißt, dass du die Stereo-Datei ausschließlich fürs Internet benutzen willst, wähle im Flipmenü »MP3-Dateien«. MP3 ist ein Format, das weniger Speicherplatz benötigt und deshalb im Vergleich zu WAV auch schlechter klingt, aber im Internet einfach angeklickt und in der Regel problemlos angehört werden kann.
- Bei Kanäle klickst du Stereo an.
- Bei Abtastrate wählst du 44100 Hz. Das ist ein Standard, den beispielsweise auch CDs haben.
- Bei Encodierung wählst du in diesem Fall Signed 16-bit PCM. Vielleicht heißt das bei dir ein bisschen anders, Hauptsache 16-bit.
- Bei Export-Bereich gehst du auf Gesamtes Projekt.
- Wenn du auf Metadaten bearbeiten klickst, könntest du dort noch deinen Namen und den deiner Mitarbeiter eintragen, das Datum des Projekts, das Genre und einiges mehr.

2 **Wenn du alles sorgfältig eingetragen hast, klicke auf Exportieren.**

Die fertige Stereo-Datei liegt jetzt bereit zur Veröffentlichung auf deinem Desktop.

Mehrere Szenen oder Themen, Vorspann und Abspann

Vielleicht besteht dein Hörspiel aus mehreren Szenen, und du willst diese Szenen auch noch mit Musik voneinander trennen. Und den Vorspann und Abspann auch vorne und hinten extra einfügen. Oder dein Podcast hat **verschiedene Einzelthemen, die du mit Musik oder Jingles voneinander trennen möchtest**.

Dafür empfehle ich dir, ein ganz neues Projekt und damit eine neue Arbeitsoberfläche in Audacity anzulegen. Dann importierst du alle einzelnen, fertig bearbeiteten und exportierten Szenen oder Einzelthemen, alle Musikstücke, alle Jingles und den Vorspann und Abspann in dieses neue Projekt. Am besten legst du eine Spur für alle Szenen oder Einzelthemen, eine zweite für die Musik oder Jingles und eine dritte für Vor- und Abspann an. Dann kannst du sehr bequem noch einmal die Lautstärken anpassen und die Musik zum Beispiel unter dem Vor- und Abspann laufen lassen. Du kannst sie auch noch bequem ein- und ausblenden.

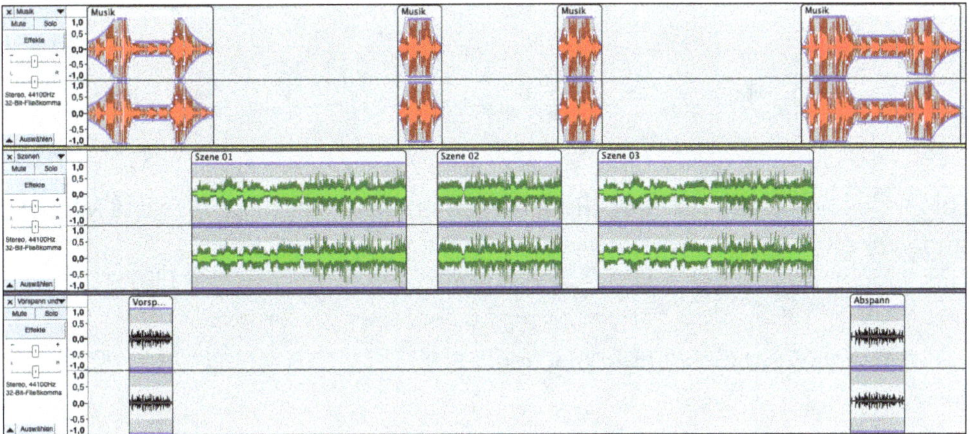

- » In der oberen, roten Spur liegt die Musik. Sie klingt am Anfang unter dem Vorspann-Text und am Ende unter dem Abspann-Text. Zwischen den Szenen dient sie als Zwischenspiel. Sie wird immer ein- und ausgeblendet.
- » In der mittleren, grünen Spur liegen die Szenen oder Einzelthemen. Dieses Beispiel besteht also aus drei Szenen oder Einzelthemen.
- » In der unteren, schwarzen Spur liegen Vorspann-Text und Abspann-Text.

Zackig arbeiten

Hier ist noch eine Liste mit den wichtigsten Shortcuts. Das sind Tastenkombinationen – also Abkürzungen – für Befehle, die du sehr oft brauchst. Dann musst du nicht jedes Mal mit der Maus extra ins Menü fahren und dort die einzelnen Befehle suchen. So geht dir die Arbeit buchstäblich viel schneller von der Hand. Apropos Hand: Ich habe mir angewöhnt, immer eine Hand an der Maus und die andere an der Tastatur liegen zu haben. So kann ich inzwischen fast »blind« und rasend schnell arbeiten. Außerdem liegen auf deiner rechten Maustaste auch noch einige Befehle versteckt – schau mal nach!

Die Shortcuts stehen auch immer rechts von den Befehlen in den Menüs.

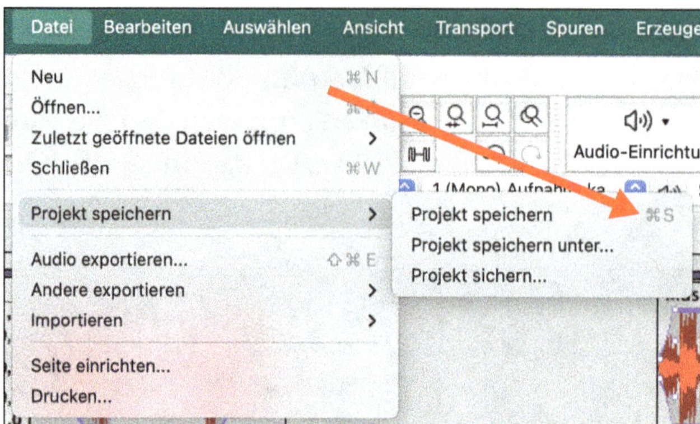

Folgende Shortcuts sind in der Regel voreingestellt, wenn du das erste Mal Audacity öffnest:

- Datei speichern: cmd ⌘ + S
- Letzten Befehl rückgängig machen: cmd ⌘ + Z
- Clip trennen: cmd ⌘ + I
- Schnitt vorhören: C
- Ausschneiden: cmd ⌘ + X
- Kopieren: cmd ⌘ + C
- Einfügen: cmd ⌘ + V
- In neue Tonspur kopieren: cmd ⌘ + D
- Alles auswählen: cmd ⌘ + A
- Start & Stopp: Leertaste
- Pause: P
- Aufnahme: R
- Audiodatei importieren: ⇧ + cmd ⌘ + I

Wenn du mit dem Windows-Betriebssystem arbeitest, musst du in der Regel Strg *anstatt* cmd ⌘ *drücken.*

Kapitel 8
Podcast – Und jetzt ins Netz!

Du willst sicherlich auch, dass deine Audiobeiträge und Hörspiele von möglichst vielen Leuten gehört werden. Natürlich kannst du sie deinen Eltern, deinen Freunden, deinen Schulkameraden und Lehrern persönlich vorspielen oder ihnen eine CD oder einen USB-Stick in die Hand drücken. Wenn du sie aber auch noch ganz anderen Menschen, die du gar nicht kennst, zukommen lassen willst, ist ein Podcast eine gute Wahl. In diesem Kapitel erkläre ich dir, wie du deine Podcast-Episoden, dein Hörspiel oder andere Audiobeiträge auf einer Podcast-Plattform im Internet veröffentlichen kannst.

Ins weltweite Netz

Ein Podcast ist also erst einmal eine Homepage, die du mit deinen Inhalten füllst. Es gibt viele Internetplattformen oder **Hosting-Plattformen**, die dir solche speziellen Podcast-Homepages anbieten. Diese kannst du mit deinen Beiträgen bestücken und im gewissen Rahmen nach deinen eigenen Wünschen gestalten. Deine Hörer können sich dann ihr persönliches »Radioprogramm« daraus zusammenstellen.

Für den Anfang empfehle ich dir, eine kostenlose Hosting-Plattform zu nutzen. So kannst du ohne großes Risiko ausprobieren, ob diese Art der Veröffentlichung dir Spaß macht und ob du gut damit klarkommst. Später könntest du zu einem Bezahl-Anbieter wechseln, der dir mehr Möglichkeiten bietet, deinen Podcast zu gestalten und Werbung dafür zu machen. Manchmal kannst du sogar mit all deinen Beiträgen zu solch einem Anbieter richtig »umziehen« und musst nicht alles neu hochladen.

Für den Hörer ist das Tolle am Podcast, dass er ihn »abonnieren« kann, das heißt: immer, wenn auf seinem Lieblings-Podcast ein neuer Beitrag erscheint, bekommt er automatisch eine Nachricht. Das funktioniert mit einem **RSS-Feed**.

Auch du kannst für deinen Podcast einen RSS-Feed erstellen. Dann können deine Hörer auch deinen Podcast abonnieren. Wie das funktioniert, erkläre ich dir später im Kapitel.

Denk bitte nochmal daran, dass du Audioaufnahmen fremder Personen nicht einfach so benutzen oder gar veröffentlichen darfst. Du musst dir immer die Erlaubnis aller Personen einholen, von denen du Material benutzen möchtest. Schlag am besten noch mal im Kapitel »Podcast – Was ist das und wie geht das?!« nach.

Podcast mit Podomatic

Ich stelle dir jetzt einen kostenlosen Hosting-Anbieter vor, er heißt »Podomatic«. Er ist zwar auf Englisch, aber keine Sorge: Mit dem, was du bis jetzt an englischen Wörtern im Internet kennst und benutzt, kommst du schon sehr weit. Außerdem übersetze ich dir die benötigten Wörter auch immer ins Deutsche.

Du darfst Podomatic nur nutzen, wenn du schon 13 Jahre alt bist. Wenn du noch jünger bist, sprich mit deinen Eltern. Vielleicht kannst du die Seite gemeinsam mit ihnen und einem Konto von ihnen nutzen.

Jetzt geht´s los!

1 **Öffne deinen Browser und gehe auf die Seite www.Podomatic.com.**

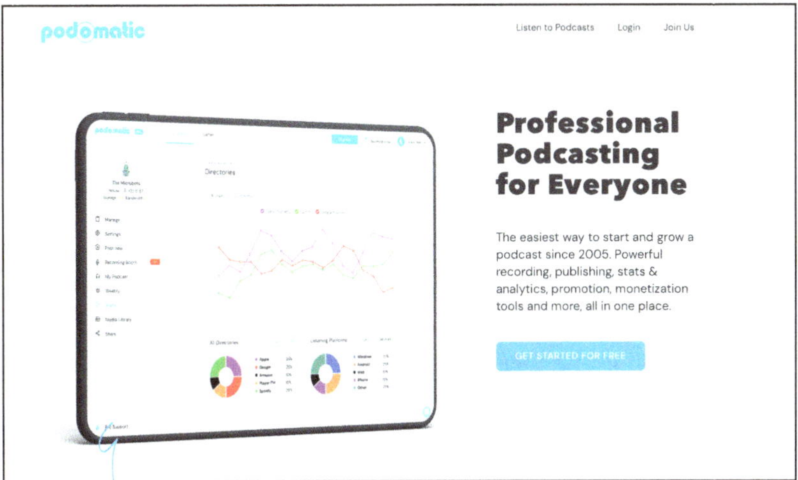

2 **Klicke in der Mitte des Bildschirms auf Get Started For Free.**

Es erscheint ein neues Fenster.

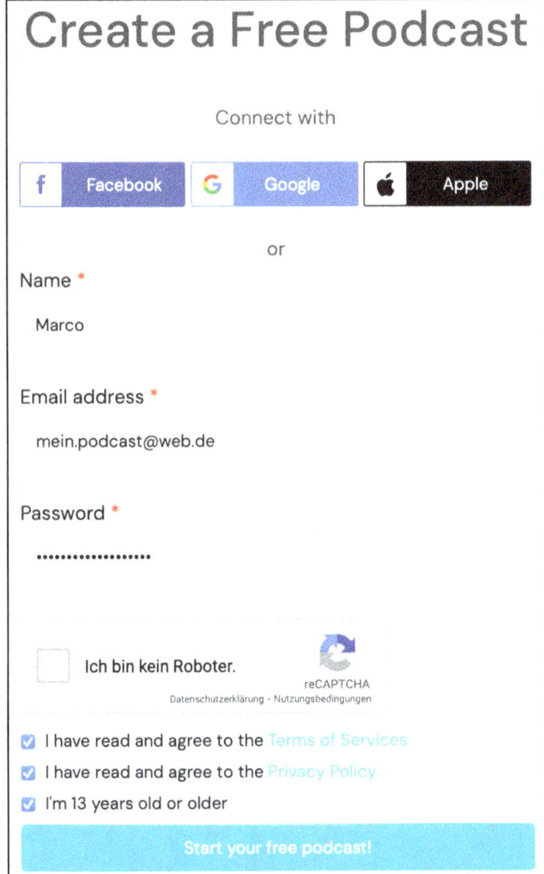

3 **Gib in diesem Fenster einen Namen, deine E-Mail-Adresse und ein Passwort ein, dass du dir vorher ausgedacht hast.**

Du richtest dir hiermit also einen Account – einen Zugang – ein. Es muss nicht dein richtiger Name sein. Mit diesem Namen wirst du aber in Zukunft von deinem Hosting-Anbieter angesprochen. Überlege dir ein sicheres Passwort, das du nicht vergessen kannst.

Ich gehe davon aus, dass du eine eigene E-Mail-Adresse hast. Wenn nicht, lege dir bei einem kostenlosen Anbieter (zum Beispiel www.web.de oder www.gmx.de) eine eigene E-Mail-Adresse an. Wenn deine Eltern einverstanden sind, könntest du dich aber auch erst einmal mit der E-Mail-Adresse deiner Eltern anmelden, um gleich loszulegen.

4 **Hake im gleichen Fenster die drei Checkboxen an, nachdem du sie gelesen hast, und klicke Ich bin kein Roboter an.**

5 **Löse die kleine Aufgabe, die dir gestellt wird.**

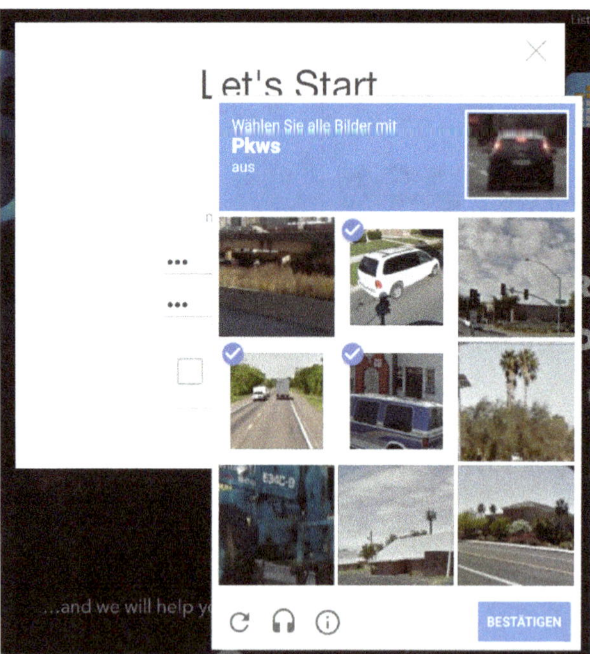

6 **Klicke auf Bestätigen.**

Wenn alles gut gelaufen ist, kannst du Start Your Free Podcast klicken. Dann erscheint ein neues Fenster.

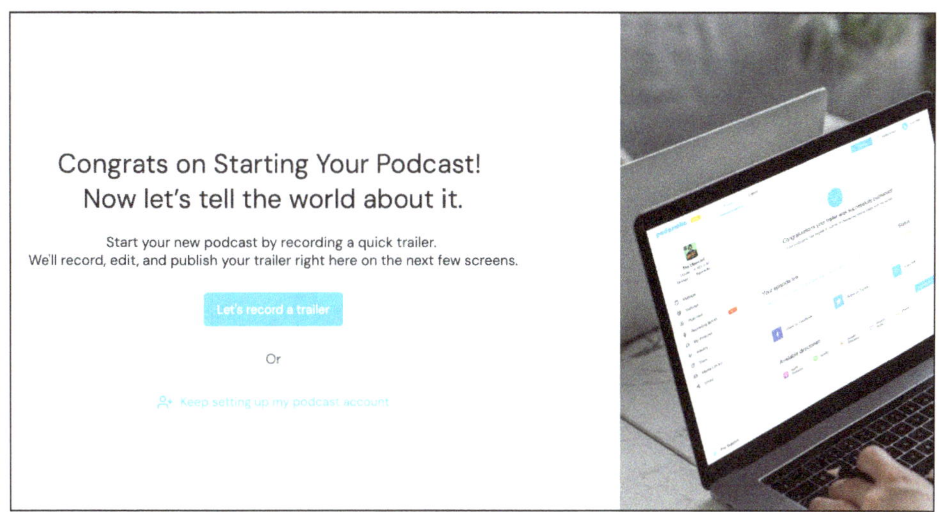

7 **Klicke auf Keep setting up my podcast account.**

8 **Klicke im nächsten Bildschirm auf I´m ready! (»Ich bin bereit!«)**

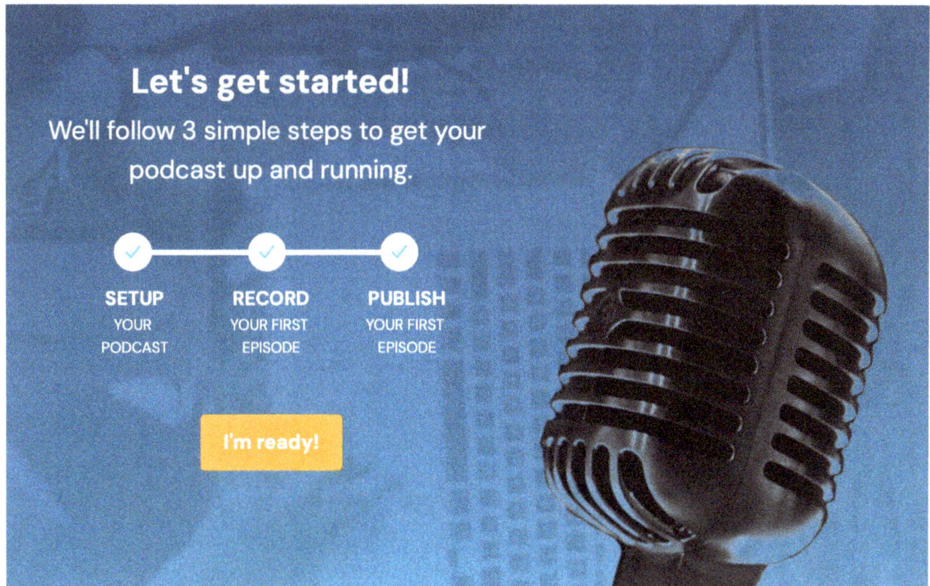

Im nächsten Fenster gibst du deinem Podcast einen Namen.

9 **Tippe den Namen deines Podcast im Textfeld Enter Podcast Title ein. Klicke dann auf Continue (»Fortfahren«).**

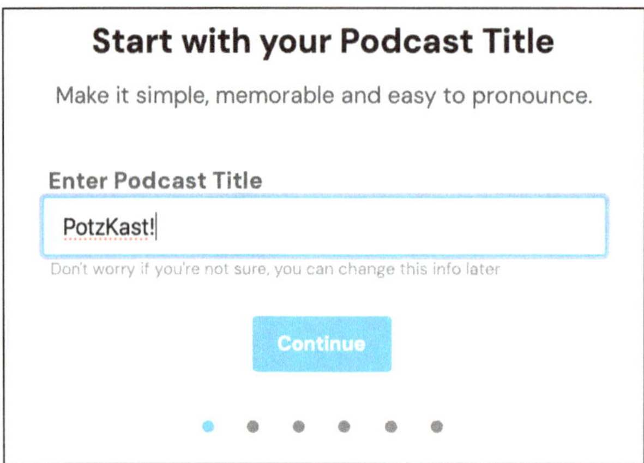

Ich habe hier einen etwas ungewöhnlichen Namen gewählt, vielleicht sorgt das für ein bisschen Aufmerksamkeit, und vielleicht kann man sich den Namen dann besser merken. Natürlich kannst du dir deinen ganz eigenen Namen ausdenken (zum Beispiel auch »Meine Freizeit« aus dem Kapitel »Podcast – Was ist das und wie geht das?!«).

Beschreibe dann deinen Podcast mit einem Slogan oder einem Untertitel.

10 **Tippe dafür im nächsten Bild den Untertitel im Textfeld Enter your Tagline ein. Klicke dann auf Next Step (»Nächster Schritt«).**

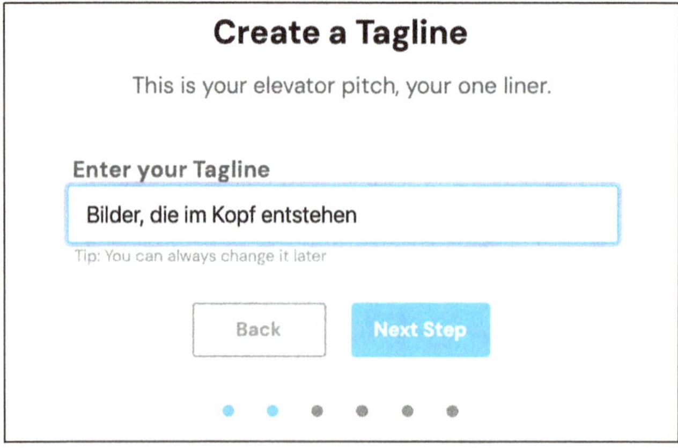

11 Beschreibe deinen Podcast noch näher.

Im Textfeld Enter your Description (»Gib deine Beschreibung ein«) kannst du einige wichtige Informationen eingeben, damit deine Hörer gleich wissen, worum es in deinem Podcast geht. Klicke dann auf Next Step.

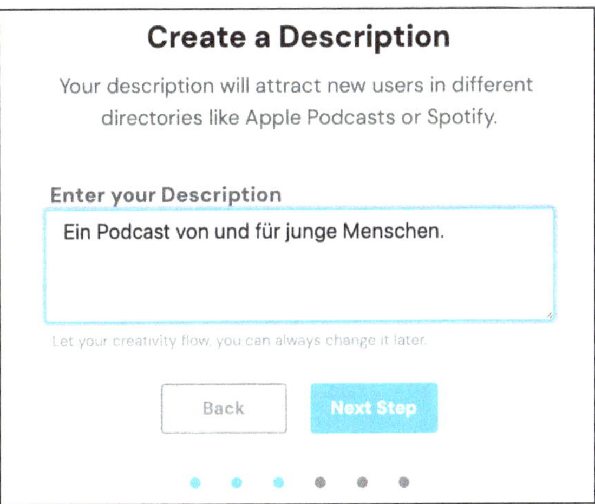

Im nächsten Schritt kannst du ein Titelbild einfügen.

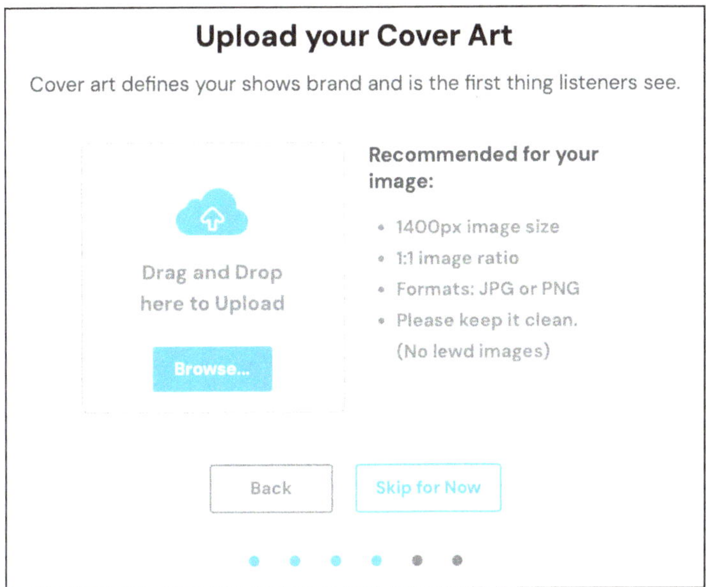

12 **Klicke im Feld Drag and Drop here to Upload auf Browse … und wähle ein Bild von deiner Festplatte.**

Das kann ein Bild von dir sein oder irgendein anderes Bild, mit dem du deinen Podcast präsentieren willst.

Wenn du dir noch nicht sicher bist, kannst du diesen Schritt auch auslassen. Klicke auf Skip for Now (»Jetzt erst mal überspringen«).

Dann kannst du bestimmte Kategorien für deinen Podcast festlegen. Diese können interessierten Hörern helfen, deinen Podcast zu finden.

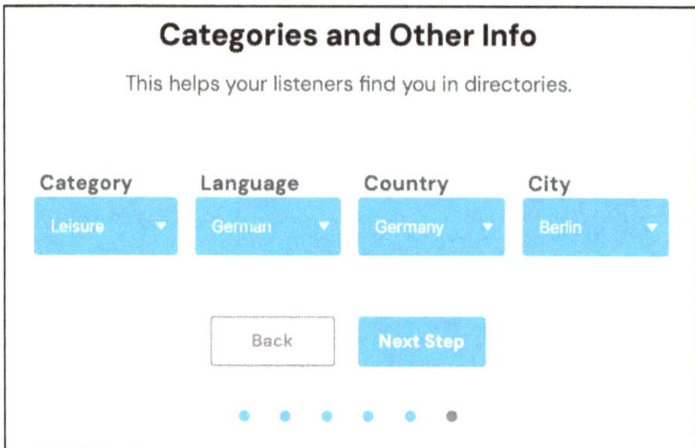

13 **Gib eine Kategorie (Category), die Sprache deines Podcast (Language), dein Land (Country) und deine Stadt (City) ein. Klicke dann auf Next Step.**

Anschließend kannst du Tags oder Keywords eingeben. Das sind Stichworte, nach denen die Suchmaschinen im Internet suchen. Je treffender deine Stichworte sind, desto besser und schneller wird dein Podcast von den Suchmaschinen gefunden.

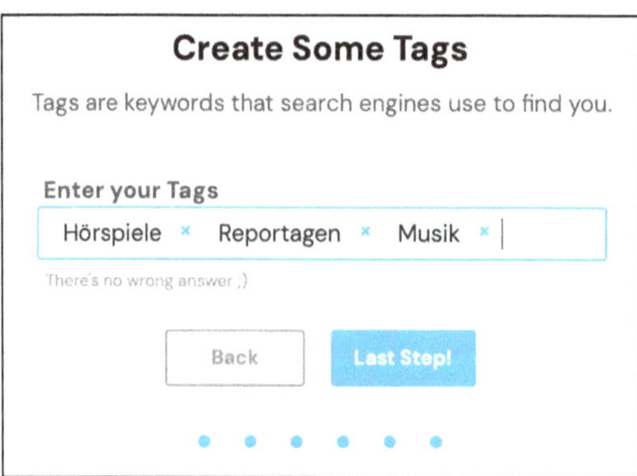

14 **Gib im Textfeld Enter your Tags passende Stichworte ein. Klicke dann auf Last Step!**

Gleich hast du es geschafft.

15 **Überprüfe noch einmal alle deine Angaben und korrigiere sie, wenn du möchtest.**

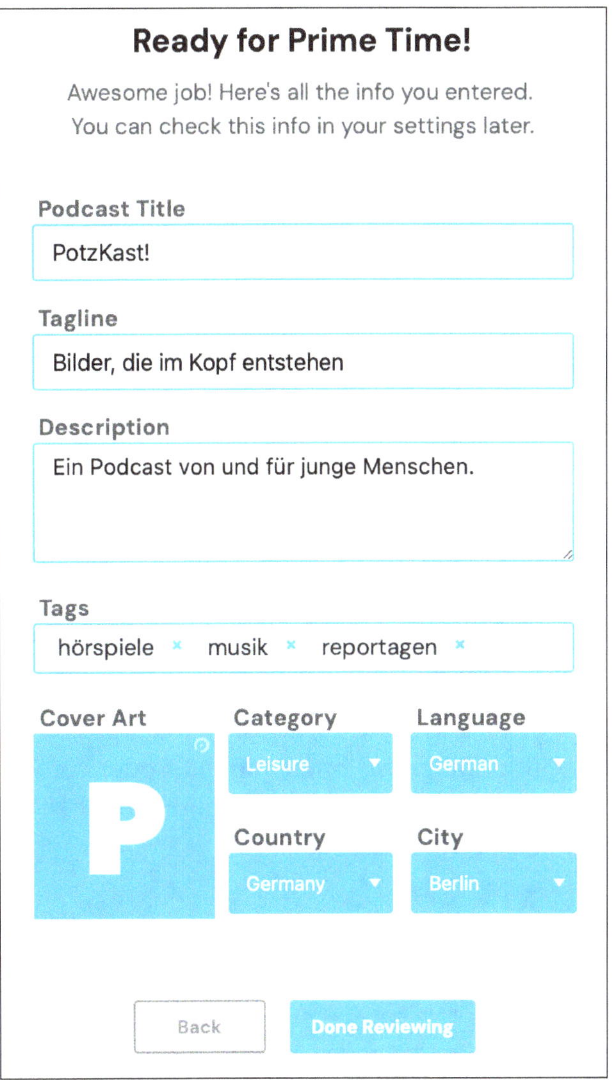

16 **Wenn alles stimmt, klicke auf Done Reviewing.**

17 **Klicke im nächsten Bildschirm auf Skip, I´m ready to publish (»Überspringen, ich bin bereit zum Veröffentlichen«).**

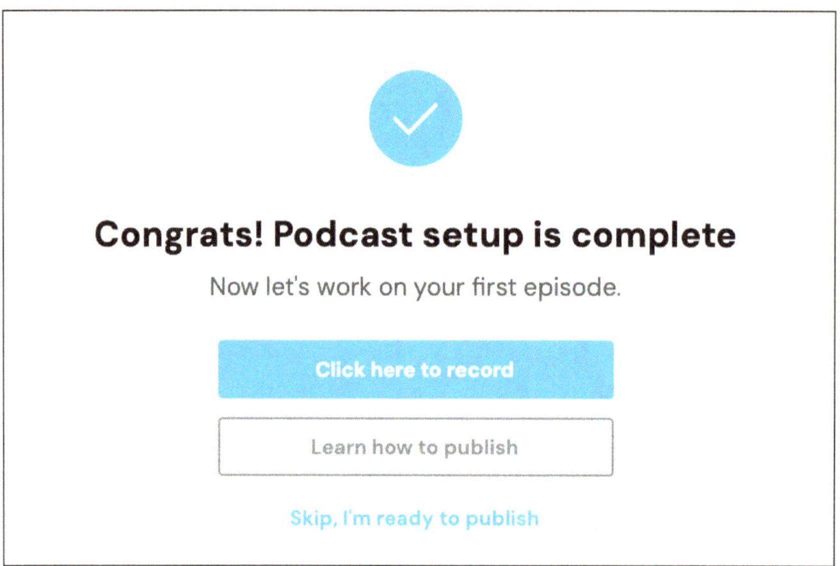

Du bist jetzt auf der Startseite deines Podcast. Von hier aus könntest du sofort alles hochladen, einstellen und verwalten, was du für deinen Podcast brauchst. Ich empfehle dir aber, dich erstmal auszuloggen und neu wieder einzuloggen. Damit kannst du überprüfen, ob auch wirklich alles geklappt hat und ob du ab jetzt problemlos weiterarbeiten kannst.

Übrigens bekommst du über deine E-Mail-Adresse regelmäßig Infos über den Status deines Podcast, das heißt darüber, wie oft er angehört oder heruntergeladen wurde. Außerdem hin und wieder den einen oder anderen nützlichen Tipp, wie du deinen Podcast noch verbessern kannst.

Besprich mit deinen Eltern, welche persönlichen Informationen du auf deinem Podcast veröffentlichen willst und welche du lieber erst mal für dich behältst. Das gilt auch für die Einstellungen für deinen Account wie Namen, Adresse, Fotos und so weiter. Und wenn in deinen Hörspielen oder Podcast-Episoden auch andere Kinder und Jugendliche erscheinen, musst du auch sie und ihre Eltern um Erlaubnis fragen, ob du ihre Aufnahmen veröffentlichen darfst!

Dein Hörspiel hochladen

Wenn du dich neu angemeldet hast, landest du auf folgender Seite:

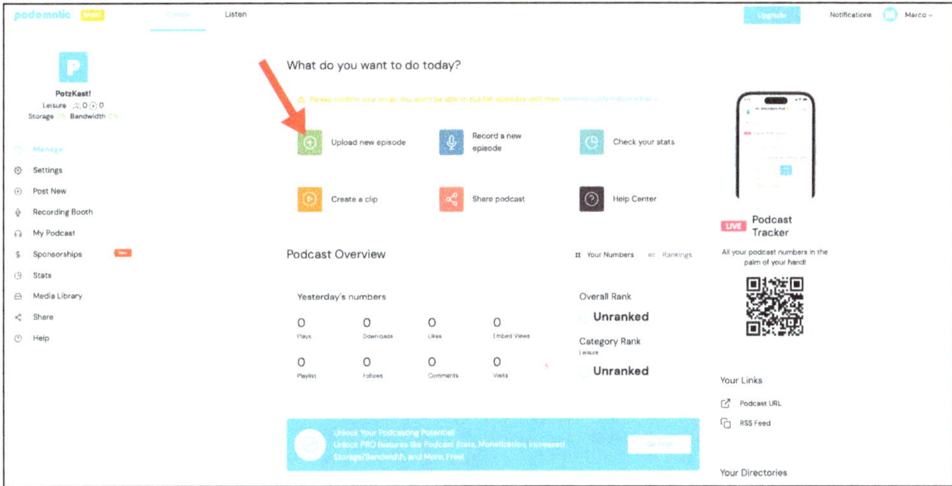

Lass dich nicht verwirren: Podomatic nennt deine Beiträge »episodes« (also Episoden). Jetzt zeige ich dir, wie du einen Beitrag auf deinen Podcast hochladen kannst.

Klicke hier auf Upload new episode.

In dem neuen Fenster kannst du jetzt mehrere Einstellungen nacheinander vornehmen.

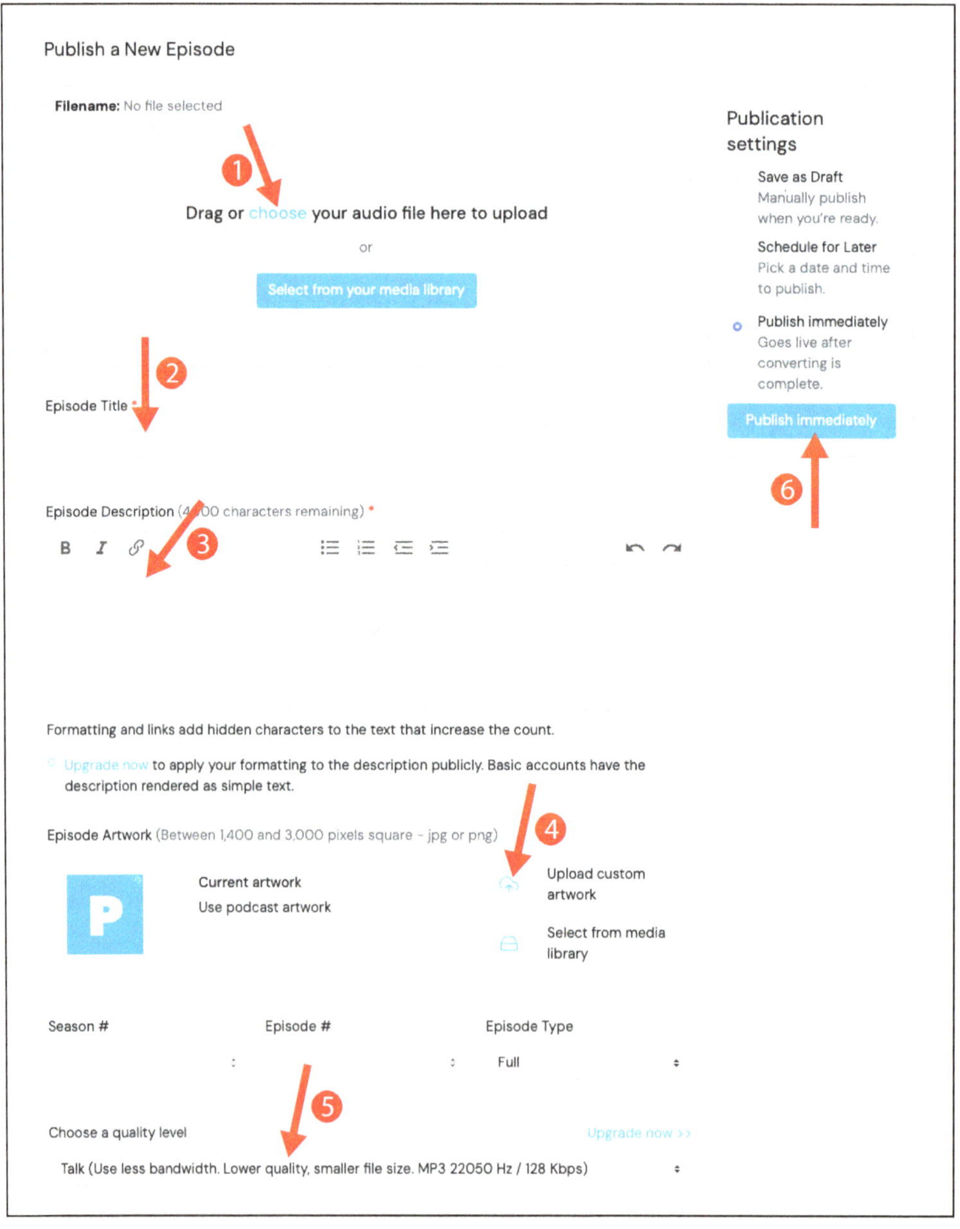

1. **Klicke auf choose, um eine Episode hochzuladen.** Suche auf deiner Festplatte nach der richtigen Datei und lade sie hoch. Das Hochladen kann einen Moment dauern.
2. **Gib deiner Episode im Feld Episode Title einen Namen.**
3. **Beschreibe im Feld Episode Description kurz den Inhalt deiner Episode.** Mach deine Zuhörer hiermit neugierig, am besten nicht zu lang und nicht zu kurz.
4. **Bei Upload custom artwork kannst du deiner Episode ein Titelbild geben.** Vielleicht hast du schon ein Logo für deine Hörspiele. Das könntest du hier einfügen. Oder du wählst für jeden Beitrag ein neues, passendes Bild aus.
5. **Wähle bei Choose a quality level eine passende Audioqualität aus.** Wenn in deiner Episode nur gesprochen wird, reicht Talk. Wenn du ein kleines Audiokunstwerk oder ein Feature mit Sprache, Musik und Geräuschen produziert hast, wähle lieber Music.
6. **Wenn du alles eingestellt hast, klicke auf Publish immediately.** (»Sofort veröffentlichen«). Du könntest aber auch Save as Draft (»Als Entwurf speichern«) wählen und deine Episode später veröffentlichen.

Wenn du jetzt am linken Bildschirmrand auf Manage klickst, kommst du zur Überblickseite deines Podcast. Dort kannst du ihn mit verschiedenen Einstellungen »organisieren«.

Manage! – So organisierst du deinen Podcast

Auf der Manage-Seite hast du einen Überblick über alle Episoden, die du bisher auf deinen Podcast hochgeladen hast. Du kannst sie dort organisieren, verwalten, bearbeiten, aktualisieren und auch wieder löschen. Hier stelle ich dir ein paar Tools vor.

Klicke dich aber auch selbst ein bisschen durch die einzelnen Möglichkeiten, so findest du am besten raus, was für deine Zwecke sinnvoll ist und welche du eher vernachlässigen oder auf später verschieben kannst:

Bei What do you want to do today findest du weitere Möglichkeiten, deinen Podcast zu verfeinern:

» Record a new episode: Hier kannst du ohne weitere Soft- und Hardware direkt Sprachaufnahmen machen. Wenn du mit Audacity arbeitest, geht das natürlich viel übersichtlicher und besser. Dann brauchst du diese Funktion nicht.

» Create a clip: Hier kannst du dir einen kleinen Videoclip erstellen lassen, der deine jeweilige Episode nochmal visuell darstellt.

» Share podcast: Hier kannst du einen Link für deinen Podcast oder eine einzelne Episode erstellen lassen, den du dann weiterverschicken kannst.

Bei Podcast Overview siehst du, wie dein Podcast in der Öffentlichkeit ankommt:

» Plays: Wie oft wurde dein Podcast am vergangenen Tag besucht.

» Downloads: Wie oft wurde etwas heruntergeladen.

» Likes: Wie viele Likes hat er bekommen.

» Embed Views: Wie oft ist er von einer anderen Seite aus aufgerufen worden.

» Playlists: Auf wie vielen Playlists ist er vertreten.

» Follows: Wie viele Follower hat er.

» Comments: Wie oft wurde er kommentiert.

» Visits: Wie viele Besucher waren auf deinem Podcast.

Wenn du einen bezahlten Account hast, bekommst du noch mehr Informationen. Aber für den Anfang kommst du auch mit einem kostenlosen Account zurecht.

Unter Your Latest Episodes hast du einen Überblick über alle Episoden und kannst sie direkt bearbeiten. Für jede Episode werden dir außerdem die aktuellen Informationen angezeigt: Foto, Name, Datum der Veröffentlichung und der letzten Bearbeitung.

Klicke bei jeder Episode auf View, Edit oder Share – so kommst du zu den einzelnen Bearbeitungsmöglichkeiten.

In der Spalte weiter links auf deinem Bildschirm sind noch mehr Menüpunkte aufgelistet, unter denen du Bearbeitungsmöglichkeiten findest. Zum Beispiel kannst du bei Settings unter anderem die Basis-Einstellungen deines Podcast nochmal verändern: Titel, Bild, Kurzbeschreibung, Kategorie und vieles mehr. Wenn du am Podcasten Gefallen findest, empfehle ich dir, dich dort nach und nach ein bisschen durchzuklicken, und die verschiedenen Möglichkeiten zu entdecken.

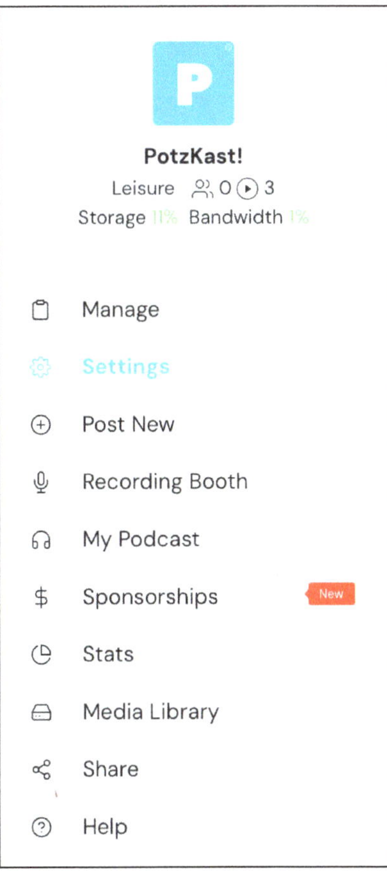

Interessant ist noch die Information Storage bei Current Usage auf der rechten Bildschirmseite. Sie zeigt dir an, wieviel kostenlosen Speicherplatz du schon verbraucht hast.

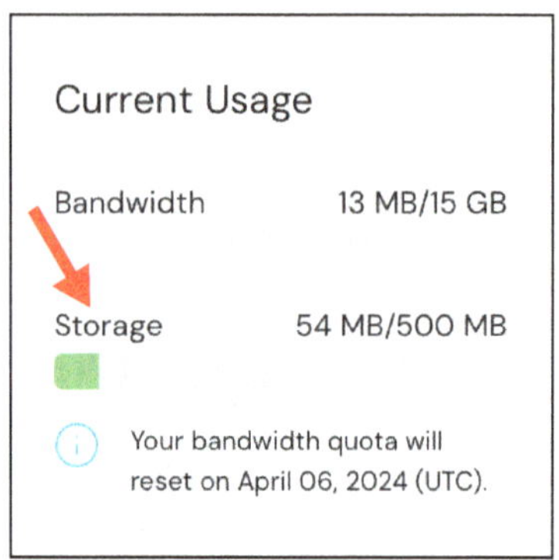

Hörspiele sind in der Regel länger als ein Interview oder ein einfaches Lied. Sie nehmen also auch mehr Speicherplatz ein. Nicht nur auf deinem Computer, sondern auch im Internet. Wenn du einen kostenlosen Account für deinen Podcast hast, hast du wahrscheinlich nur einen begrenzten Platz, den du nutzen kannst. Wenn der Platz nicht mehr reicht, müsstest du dich früher oder später doch dazu entscheiden, einen Bezahl-Account mit mehr Speicherplatz anzulegen. Oder du löschst alte Hörspiele und Episoden wieder aus dem Podcast.

RSS-Feed und Podcatcher

RSS ist die englische Abkürzung für »Really Simple Syndication« (Englisch für »sehr einfache Verbreitung«). Das ist ein Dateiformat, das automatisch Änderungen auf einer Website anzeigt, sodass deine Hörer immer über neue Episoden auf deinem Podcast informiert werden. »Feed« bedeutet hier in etwa »füttern, mit etwas versorgen«. Voraussetzung für das Füttern ist allerdings, dass deine Hörer deinen Podcast vorher abonniert haben.

Um einen RSS-Feed zu empfangen und einen Podcast zu abonnieren, brauchst du einen sogenannten **Podcatcher**, also einen Podcast-Empfänger. Das ist ein kleines Programm, das du dir aus dem Internet laden kannst. Ich benutze den »RSS Follower«, den ich kostenlos aus dem Internet heruntergeladen habe. In dieser kostenlosen Version kannst du bis zu drei Podcasts abonnieren.

Ich habe es an mancher Stelle in diesem Buch schon angedeutet, und bestimmt hast du es in deinem Leben auch selbst schon bemerkt: Manchmal gibt es Abstimmungsprobleme zwischen Hardware, Software, Programmversionen, Betriebssystemen und so weiter. Es kann also vorkommen, dass manche Podcatcher mit manchen Podcast-Anbietern oder manchen Betriebssystemen nicht immer einwandfrei funktionieren. Besonders bei kostenlosen Angeboten ist das ab und zu der Fall. Und das kann ganz schön nervig sein! Lass dich davon aber nicht entmutigen, sondern experimentiere ein bisschen herum und lass dir von anderen Menschen mit Erfahrung helfen. Oft finden zwei Gehirne schneller eine funktionierende Lösung, als wenn du allein vor dem Rechner sitzt und grübelst.

Um einen RSS-Feed zu beziehen, musst du also einen Podcatcher heruntergeladen haben, und dann brauchst du bei vielen Host-Anbietern einfach nur den **Subscribe-Button** klicken, der irgendwo auf dem Podcast bereitgestellt wird. »Subscribe now« heißt hier so viel wie »jetzt abonnieren, unterschreiben«. Dann wird automatisch der RSS-Feed für dich eingerichtet. So funktioniert das auch bei Podomatic.

Wenn du selbst testen willst, ob das funktioniert hat, loggst du dich am besten aus Podomatic wieder aus und abonnierst deinen eigenen Podcast. Oder du bittest jemanden mit einem anderen Account, das für dich zu prüfen: Klicke einfach auf der rechten Seite auf Subscribe now.

Je nach Browser und Betriebssystem, die du benutzt, klickst du dich jetzt noch durch ein paar Fragen und Anweisungen. Falls du mehrere Podcatcher auf deinem Computer installiert hast, könnte es sein, dass du dich entscheiden musst, mit welchem du den Podcast empfangen möchtest.

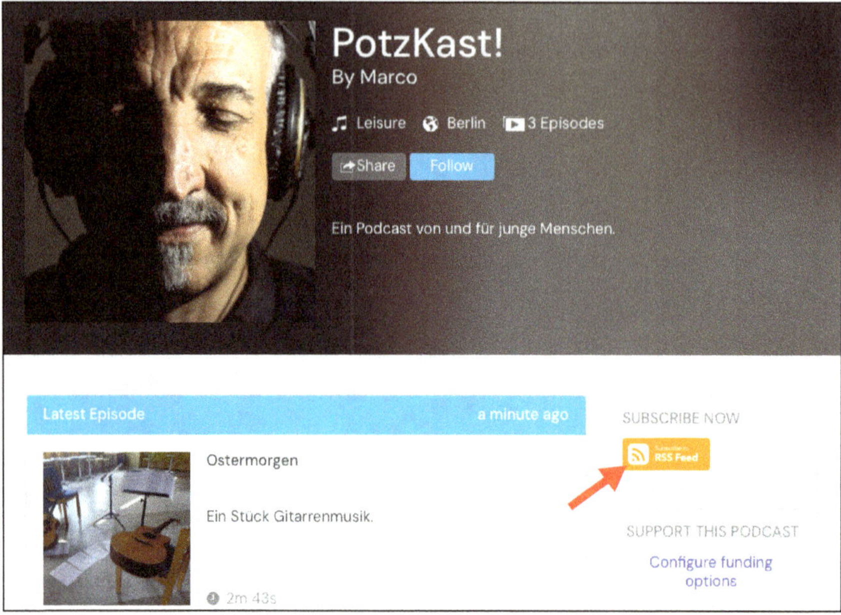

Wenn du jetzt deinen Podcatcher öffnest, erscheint der abonnierte Podcast mit allen Episoden als Fenster auf deinem Bildschirm. Bei meinem »RSS-Follower« sieht das so aus:

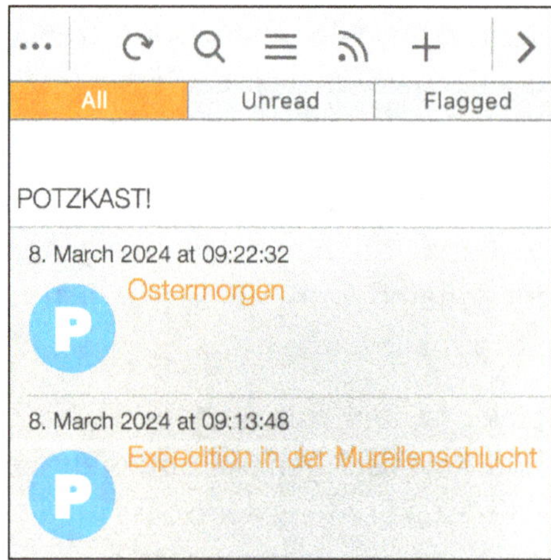

Wenn du eine Episode anklickst, öffnet sich die Podomatic-Homepage, und du kannst die Episode anhören.

Außerdem kannst du mit den Symbolen am oberen Bildrand noch verschiedene Einstellungen vornehmen, den Podcatcher aktualisieren, nach bestimmten Episoden suchen und noch einiges mehr.

Wenn deine Hörer deinen Podcast abonniert haben, bekommen sie jedes Mal eine Nachricht, wenn du in deinem Podcast einen neuen Beitrag veröffentlicht hast. Selbstverständlich können sie den RSS-Feed auch wieder abbestellen.

Herzlichen Glückwunsch – du hast es geschafft!

Du bist jetzt ein echter Podcaster! Du kannst deiner Fantasie freien Lauf lassen und, wann immer du Lust hast, neue Episoden für deinen Podcast produzieren und sie dann ins Netz stellen. So arbeitest du nicht nur für dich allein und für deine eigenen Ohren, sondern kannst deine Freunde, Eltern, Lehrer und Bekannte an deiner Kreativität und deiner Leidenschaft unmittelbar teilnehmen lassen.

Wenn man sich in die Öffentlichkeit begibt, setzt man sich natürlich auch der Meinung anderer Menschen aus. Für mich sind diese Rückmeldungen und diese Reaktionen immer sehr wichtig, um meine eigene Arbeit zu überprüfen und zu verbessern. Manchmal gibt es sicherlich auch die eine oder andere negative Kritik. Lass dich davon nicht entmutigen, sondern nimm sie als Ansporn, deine Arbeit zu überprüfen und dich zu fragen, ob die Kritiker damit vielleicht Recht haben – oder eben nicht! Und wenn die Kritik gar persönlich oder beleidigend ist, versuche am besten sie zu ignorieren. . .

Kapitel 9
Was noch so geht

Hörbücher, Audioguides, Audioreportagen, Geräuschcollagen und vieles mehr – gib deiner Fantasie und deiner Kreativität so richtig die Sporen! Im Radio und auf Podcasts gibt es nicht nur Hörspiele, sondern auch viele andere Beiträge. Du hast jetzt alle Werkzeuge für tolle Audioproduktionen an der Hand. Im letzten Kapitel meines Buchs möchte ich dir ein paar Ideen dafür vorstellen, was du noch alles mit Audacity anfangen kannst.

Hörbuch

Neben den **HörSPIELEN** gibt es ja auch **HörBÜCHER**. Man könnte sagen, das sind vorgelesene Geschichten, die du als CD oder auf deinem Podcast veröffentlichen kannst. Auch solche Hörbücher kannst du mit Audacity prima herstellen. In der Regel ist es viel einfacher, ein Hörbuch zu produzieren als ein Hörspiel, weil du dafür nicht so viele verschiedene Sprecher und Geräusche brauchst. Und dann hast du auch nicht so viel Arbeit in der Postproduktion.

Hier ein paar Ideen und Gedanken zur Inspiration:

- Erfinde eine eigene Geschichte oder nimm dir **dein Lieblingsbuch oder deine Lieblingsgeschichte** vor. Vielleicht produzierst du auch eine ganze Serie von Hörbüchern, zum Beispiel alle deine Lieblingsmärchen.
- Vielleicht willst du auch **eine spannende Wissenschaftsserie** aufnehmen, bei der du zu den verschiedensten Themen passende Bücher vorliest und aufnimmst. Kennst du die »Was ist was«-Bücher? Das wäre dann so eine Art »Was ist was«-Hörbuch.

Leider darfst du die Inhalte der Bücher nicht immer einfach so als Hörbuch veröffentlichen. Du musst manchmal beim Verlag anfragen, ob sie damit einverstanden sind. Wenn du die Aufnahmen nur für dich machst, ist das aber in Ordnung.

- Oder du nimmst für deine kleinen Geschwister **Gute-Nacht-Geschichten** auf.
- Es gibt Hörbücher, bei denen es wirklich nur einen Erzähler oder Vorleser gibt. Es gibt aber auch welche, die ähnlich wie bei Hörspielen mit Geräuschen oder Musik unterlegt sind. Manchmal gibt es auch zwei Vorleser, die sich abwechseln. Gerade wenn es eine längere Geschichte ist, kann das ganz erfrischend sein.
- Du kannst die Kapitel einer Geschichte mit Musik unterteilen, die du dir aus dem Internet suchst.
- Du kannst selbst vorlesen und für jede Person, die in der Geschichte vorkommt, deine Stimme ein bisschen verstellen. Oder du suchst dir jemanden, dessen Stimme dir gut gefällt. Wenn du eine Serie herstellst, könnte jedes Hörbuch einen anderen Sprecher haben.
- Höre dir andere Hörbücher an und lass dich davon inspirieren, zum Beispiel »Die 13½ Leben des Käpt´n Blaubär«, »Harry Potter« oder die Reihe »Märchen der Welt«.

Audioreportagen, Interviews und Features

Neben reinen »Gesprächs-Podcasts« kannst du ja auch eigene Reportagen über verschiedene Themen produzieren, die dich interessieren und über die du deine Hörer informieren möchtest. Zum Beispiel: Wie wird Fernsehen oder Radio gemacht? Was passiert in einem Freibad im Winter? Wie sieht der Alltag eines Polizisten aus?

Oft gibt es »Tage der Offenen Tür« in verschiedenen Einrichtungen, bei denen du als Besucher einen Blick hinter die Kulissen werfen kannst. Manchmal kannst du bei solchen Gelegenheiten auch einen Mitarbeiter interviewen, wenn du das vorher anmeldest. Dann kannst du ganz persönliche Eindrücke aus seinem Arbeitsalltag mit in deine Reportage einbauen.

Vielleicht kannst du daraus auch eine eigene Serie auf deinem Podcast machen, zum Beispiel unter der Überschrift »So funktioniert das Leben in der Stadt«. Schlage auch noch mal im Kapitel »Podcast – was ist das und wie geht das?!« dieses Buchs auf, um dich inspirieren zu lassen.

Ein Gedicht vertonen

Gedichte analysieren und auswendig lernen im Deutschunterricht – das war nicht gerade meine Lieblingsbeschäftigung in der Schule! Wenn es dir genauso geht, kannst du dich ja mal ganz anders mit einem Gedicht beschäftigen. Hier mal ein Beispiel für ein beliebtes Gedicht (zumindest bei den Lehrern!) aus meiner Schulzeit: »Der Erlkönig« von Johann Wolfgang von Goethe. Es ist ein sehr berühmtes Gedicht und wirklich sehr schaurig.

Und es bietet sich prima für eine Vertonung an. Einige Anregungen dazu:

- Such dir eine bedrohliche Musik aus dem Internet. Blende sie ein.
- Mach die Pferdehufe mit zwei leeren Kokosnussschalen nach.
- Lass die Pferde am Anfang des Gedichts von einer Seite ganz in die Mitte laufen (schau dir dafür noch mal den Punkt »Panorama Spezialfall 2« im Kapitel »Die Postproduktion: Grundlagen« an).
- Such dir für den Waldboden getrocknetes Laub und stampfe rhythmisch darauf herum.
- Lass den Vater von einem Erwachsenen sprechen.
- Verfremde die Stimme des Erlkönigs mit dem Tonhöhen-Effekt in Audacity.

» Such dir für die Situation mit den Töchtern eine liebliche Musik und verfremde sie mit dem Hall-Effekt in Audacity, sodass sie wie »von weit weg« erscheint.

» Blende die Musik am Ende aus.

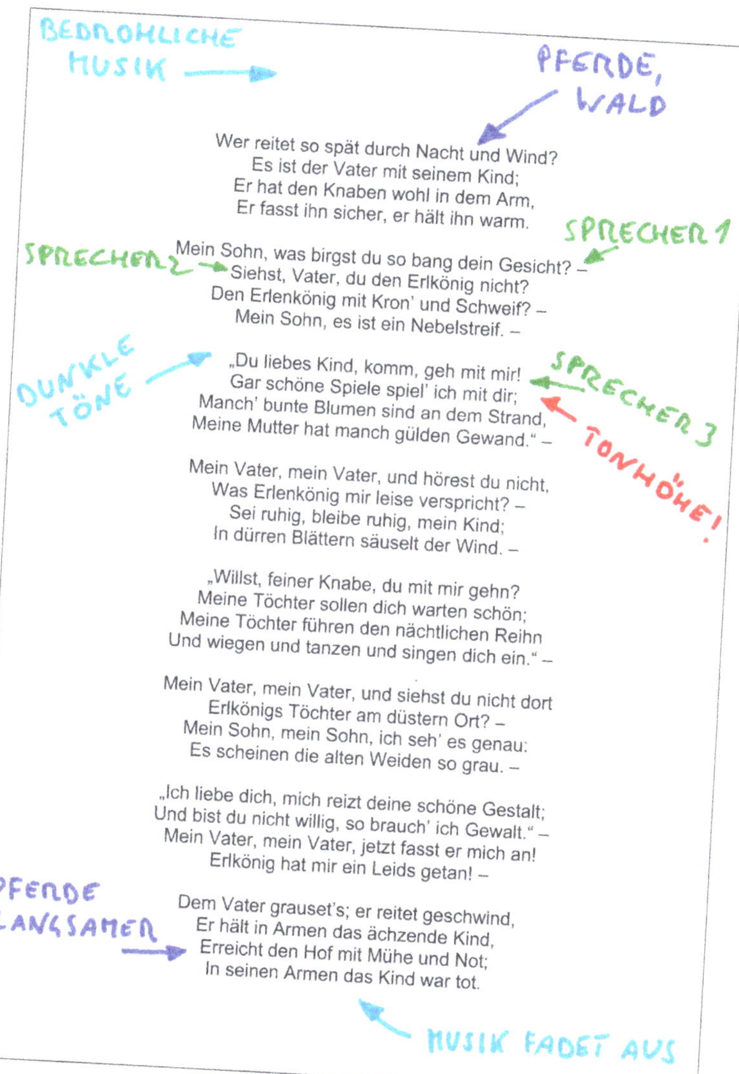

Vielleicht könntest du so eine Gedichtvertonung auch mal als Schulhausaufgabe anbieten – anstatt das Gedicht auswendig zu lernen. Auf meiner Homepage findest du so eine Vertonung von drei zwölfjährigen Schülern, die das tatsächlich so gemacht haben.

Geräuschcollage

Eine Geräuschcollage ist eine Sammlung von verschiedensten, einzelnen Geräuschen, die du zu einem Gesamthörstück neu zusammenstellst. Vielleicht kennst du diese Collagen-Technik eher aus dem Kunstunterricht in der Schule. Dabei schneidet man zum Beispiel Bilder aus der Zeitung aus und klebt sie zusammen. Man erschafft so ein neues Bild, mit einem ganz anderen Inhalt und vielleicht mit einer ganz anderen Aussage. Und genauso könntest du auch eine Geräuschcollage herstellen. Nimm mit deinem Handheld-Rekorder oder deinem Smartphone Geräusche, Musik, Satzfetzen auf und schneide sie zu einem Hörstück zusammen. Bearbeite und verfremde die Geräusche auch mit den Effekten, die Audacity dir bereitstellt.

Slideshow

Wir kümmern uns in diesem Buch hauptsächlich um das Hören. Aber du kannst dein Audioprojekt auch mit Bildern kombinieren. Und das müssen nicht immer bewegte Bilder – also ein Film – sein. Auf den meisten Computern sind bereits sehr einfach zu bedienende Programme installiert, mit denen du eine eigene Slideshow herstellen kannst. Das ist eine Serie von Bildern, die du dir von deiner Festplatte selbst zusammenstellst und die dann automatisch abläuft (»Slide« ist das englische Wort für »Dia«, eine bestimmte Art von Foto). Und diese Serie kannst du zusätzlich mit Audioaufnahmen unterlegen. Ich habe oft gesehen, wie auf diese Weise die schönsten Urlaubserlebnisse mit Musik unterlegt werden.

Für uns ist es aber andersherum spannender: Du unterlegst zum Beispiel dein fertiges Hörspiel oder deine Podcast-Episode mit Fotos oder anderen Bildern. Das könnten Bilder sein, die die Handlung wiedergeben, aber auch abstraktere Darstellungen, die eher eine bestimmte Stimmung innerhalb der Situation verstärken sollen. Oder einfach nur verschiedene Farbflächen, die langsam ineinander übergehen und die dem Zuhörer helfen, sich nicht von anderen Dingen, die er sieht, ablenken zu lassen. So kannst du für eine ganz tolle, konzentrierte Zuhörstimmung sorgen.

Ein Gemälde vertonen

Ich habe auch mal einen Workshop geleitet, in dem Schüler ein Gemälde »vertont« haben. Das war eine historische Ansicht der Stadt Berlin mit einer alten Dampflok, einer Kirche, Pferdewagen, den ersten Automobilen, spielenden Kindern und Hunden und noch so einigem mehr. Dieses Bild haben wir uns genau angesehen und in einzelne »Szenen« aufgeteilt (also »Dampflok«, »Kirche« und so weiter). Dann haben wir uns für diese Szenen die passenden Geräusche zusammengesucht und so eine Geräuschcollage zusammengebastelt, mit der wir das Gemälde zum Tönen gebracht haben.

Audioguide

Warst du schon mal im Museum und hast dir dort einen Audioguide ausgeliehen? Das ist ein Abspielgerät, mit dem du dir Informationen zu den Bildern oder Skulpturen anhören kannst. Man könnte sagen, ein Ersatz für einen menschlichen Museumsführer. Oft gibt es da viele Informationen, die eher für Erwachsene geeignet sind und die für dich vielleicht eher langweilig sind. Wie wäre es denn, wenn du dir deinen eigenen Audioguide produzierst? Mit den Informationen, die dich wirklich interessieren. Und auch deine Freunde. Und vielleicht wäre es auch für die Erwachsenen interessant, die ganzen Kunstwerke mal aus der Sicht eines jungen Menschen zu sehen. Oder du erfindest eine eigene Geschichte zu einem Bild (»Welche Personen seht ihr da? Was machen sie, was haben sie für einen Hintergrund? Was passiert als Nächstes?«) und unterlegst sie zusätzlich mit Geräuschen, wie in der Geräuschcollage oder dem vertonten Gemälde weiter vorne.

Wahrscheinlich wird dein persönlicher Audioguide zunächst einmal nicht im Museum zum Einsatz kommen. Aber vielleicht plant deine Klasse oder deine Schule mal eine Ausstellung eurer eigenen Bilder aus dem Kunstunterricht. Da würde so ein Audioguide sehr professionell wirken! Du könntest deine Informationen und die Kunstwerke aber auch zu einer Slideshow zusammenbasteln.

Ich habe auch mal einen Workshop geleitet, in dem wir die Lieblingsorte der Teilnehmer in ihrer Stadt besucht und »belauscht« haben. Wie klingt es denn dort wirklich, was hört man und wie unterscheidet sich dieser Ort von einem anderen? Oft waren wir erstaunt, was wir alles an diesen Orten hören oder auch nicht hören konnten.

Um sich besser auf den Klang zu konzentrieren, haben die Teilnehmer sich Schlafmasken aufgesetzt, sodass sie nichts mehr sehen konnten. Das sah für die anderen Leute auf der Straße sehr merkwürdig aus, aber tatsächlich haben alle auf diese Weise »viel mehr gehört«.

Wir haben Audioaufnahmen und Fotos von den Orten gemacht und später alles zu einer Slideshow zusammengestellt. So ist eine »klingende Landkarte« entstanden, ganz anders als man das von einem normalen Audioguide kennt.

Ein Hörspiel ohne Worte

Wie würde es sich anhören, wenn du eine Geschichte ganz ohne Worte erzählen würdest – nur mit Geräuschen und Musik? Im Kapitel »Story und Skript« habe ich dir schon das Geräusche-Bild vorgestellt. Überlege dir doch zum Beispiel mal, wie ein typischer Tagesablauf aussieht, und achte nur darauf, was du alles hören würdest, zum Beispiel:

- Schnarchen, Weckerklingeln, Gähnen
- Duschen, Zähneputzen, Klospülung
- Kühlschrank, Toaster, Radio
- Schulbus, Schulklingel, Schulschluss
- Sporthalle, Kino-Foyer, Musik
- Pfannenbrutzeln, Fernseher, Tür
- Zähneputzen, Gähnen, Schnarchen

Ein wirklich tolles Beispiel für ein Hörspiel ohne wirklichen Text stammt aus der Zeit, als das Radio noch ganz jung war, und viele Leute mit dieser neuen Erfindung herumexperimentiert haben. Es heißt »Weekend« (»Wochenende«) von Walter Ruttmann und beschreibt anhand von Geräuschen und O-Tönen (Originaltönen, also heimlich aufgenommenen Sprachfetzen aus der Wirklichkeit) ein Wochenende in einer Großstadt. Du kannst es im Internet finden.

Oder du stellst einen Wetterumschwung dar:

- Ein Park mit Vogelzwitschern, Hundegebell und Kinderlachen. Im Hintergrund fröhliche Musik von einem MP3-Player oder einem Ghettoblaster. Vielleicht ein Teich mit Fröschen und Enten. Radfahrer klingeln.
- Dann kommt ein leiser Wind auf. Die Tiere verstummen langsam. Die Musik wird ausgeschaltet.

- Leichter Regen setzt ein und wird immer stärker. Der Wind heult. Donner und Blitze krachen. Sturm in den Bäumen, ein Ast bricht ab. Kommt sogar die Feuerwehr?
- Langsam ziehen Donner und Blitze ab. Der Wind weht langsamer und leiser. Der Regen wird schwächer, es tröpfelt nur noch ein bisschen.
- Die ersten Vögel zwitschern wieder schüchtern. Tiere und Menschen kommen langsam in den Park zurück.

Du kannst dir die Geräusche im Internet zusammensuchen. Oder du stellst sie selbst her und nimmst sie in Audacity oder mit einem Handheld-Rekorder auf. Dann sortierst du sie in der zeitlichen Reihenfolge deines Tages und nimmst auch alle anderen Bearbeitungen in Audacity vor (Lautstärke, Panorama, Effekte und so weiter). Es macht einen Riesenspaß, sich bei der Arbeit wirklich nur mit den Geräuschen zu beschäftigen. Vielleicht entdeckst du, wie vielfältig und unterschiedlich die einzelnen Geräusche sein können. Und wie dein Ohr mit jeder Aufnahme immer genauer hinhört. Oft sind auch die Zuhörer sehr fasziniert von solchen Geräuschcollagen und haben großen Spaß herauszufinden, um welche Geräusche und welche Situationen es sich handelt.

Musik und Jingles

Im Kapitel »Die Postproduktion: Effekte, Geräusche, Musik – fertig!« habe ich schon ein bisschen über Musik und Jingles geschrieben, die du für dein Hörspiel selbst aufnehmen und benutzen kannst. Aber du kannst auch »einfach so« Musik aufnehmen, die du selbst machst. Dazu müsstest du am besten irgendein Musikinstrument spielen. Du könntest deine eigene komplette Band sein: Erst nimmst du einen Rhythmus auf (zum Beispiel Händeklatschen oder Beatbox). Dann gehst du wieder an den Anfang deiner Aufnahme, legst eine neue Spur an und nimmst dort zum Beispiel ein paar Gitarrenakkorde passend zum Rhythmus auf. Dann gehst du wieder an den Anfang, legst wieder eine neue Spur an und singst zum Rhythmus und zur Gitarre. Das kannst du so oft machen, wie dir neue Ideen kommen. So ergänzt du nach und nach deine Aufnahme zu einem fertigen Song. Oder du suchst dir Musik aus dem Internet, singst dazu und nimmst dich auf. Hinterher kannst du alles in Audacity bearbeiten: Lautstärke, Hall, Stimme höher oder tiefer und alles, was du bis jetzt schon kennengelernt hast.

Wenn du zu den Aufnahmen, die du bereits gemacht hast, spielen oder singen willst, musst du die vorhandenen Spuren bei der Aufnahme auch hören können. Dafür musst du in den Einstellungen sorgen: Klicke im Menü auf Audacity*, dann* Einstellungen*, dann* Aufnahme*, dann* Andere Spuren während der Aufnahme (Overdub)*, dann* OK*. Dieses Aufnahmeverfahren nennt sich* ***Overdub*** *oder »Overdubs machen«.*

Outtakes

Outtakes sind fehlgeschlagene Aufnahmen mit lustigen Versprechern. Das kennst du vielleicht von dem Bonus-Material auf vielen DVDs. Wenn du so etwas planst, solltest du zuerst eine Kopie von deinem gesamten Projekt machen, direkt nachdem du die Aufnahmen abgeschlossen hast. Du kannst die Aufnahmen noch einmal durchhören und nur die lustigen Stellen raussuchen. Alles andere löschst du. Das macht richtig viel Arbeit, aber das Ergebnis ist oft sehr lohnend.

Du könntest aber auch während der Postproduktion an die Outtakes denken und sie sammeln. Du löschst die fehlgeschlagenen (und lustigen) Versprecher nicht, sondern kopierst sie in die Zwischenablage und fügst sie in ein neues Audacity-Projekt ein, das nur diese Outtakes enthält. Später kannst du sie noch feinschneiden und sortieren. Diese Vorgehensweise kostet nicht so viel Zeit. Du musst aber aufpassen, dass du beim Hin- und Herspringen zwischen den beiden Projekten nicht durcheinanderkommst.

Du kannst die Outtakes hinten an dein Hörspiel anhängen. Das machst du am besten wie in Kapitel »Die Postproduktion: Effekte, Geräusche, Musik – fertig!« unter »Mehrere Szenen, Vorspann und Abspann« beschrieben.

CDs herstellen

In älteren Laptops ist ein CD-Laufwerk eingebaut, mit dem man auch selbst CDs brennen kann. Ich weiß ja nicht, ob du und deine Freunde noch CDs hören, aber wahrscheinlich haben eure Eltern noch einen CD-Player. Und da wäre es doch eine prima Geschenkidee, wenn du von deinem Hörspiel eine eigene CD herstellst. Dafür solltest du dein Hörspiel vorher als WAV- oder AIF-Datei exportiert haben. Dann musst du nur noch eine leere CD einlegen, die Datei per »Drag & Drop« in das Brennprogramm deines Computers ziehen und danach den Brennvorgang starten. Nach ein paar Minuten ist die CD fertig, und du kannst sie in jedem normalen CD-Player abspielen.

Entwirf noch ein schönes Cover dafür und verpacke die CD ganz professionell. Wenn du schon eine ganze Reihe von Hörspielen oder Hörbüchern gemacht hast, kannst du dir auch ein tolles Logo ausdenken und mit auf das Cover drucken. Dann weiß jeder Hörer sofort, aus welcher »Audio-Schmiede« dieses Super-Hörspiel stammt.

Es gibt Computer-Drucker, mit denen du sogar eine CD direkt bedrucken kannst. Oft haben auch herkömmliche Drucker eine zusätzliche Funktion zum CD-Bedrucken. Diese Drucker haben auch eine einfache Software dabei, mit der du die CD selbst in deinem Computer gestalten und bedrucken kannst. Dafür brauchst du allerdings bestimmte Rohlinge, die zum Bedrucken geeignet sind (die sind aber auch nicht wesentlich teurer als andere Rohlinge). Das sieht wirklich super aus!

Von Aufklebern für die CD rate ich dir dringend ab. Oft lassen sich solche beklebten CDs nach kurzer Zeit nicht mehr abspielen. Und wenn sich ein Aufkleber in deinem CD-Player oder im Laufwerk eines Computers ablöst, hast du den Salat!

Wie du dein Hörspiel deinen Freunden präsentierst

Nachdem du dir so viel Mühe und Arbeit bei der Produktion deines Hörspiels oder deines Podcast gemacht hast, willst du es sicherlich auch stolz der ganzen Welt vorstellen. Im Internet geht das ja sozusagen von alleine, jeder Zuhörer klickt einfach, wann und wo er Lust dazu hat. Du kannst aber auch ein richtiges Event für die »Premierenvorführung« daraus machen. Ich finde es immer ganz toll, wenn es dafür auch den richtigen und angemessenen Rahmen gibt: Alle sollen sich auf das große Ereignis konzentrieren können, es sollte möglichst wenig Ablenkung geben.

Mach beispielsweise dein Zimmer oder das Wohnzimmer deiner Eltern so dunkel wie möglich und stelle nur ein paar Kerzen auf, sodass alle Zuhörer sich ihre eigenen Bilder im Kopf machen können und niemand sich ablenken lässt von dem, was draußen so vor sich geht. Du könntest auch eine gemütliche Matratzenlandschaft aufbauen, auf der sich alle bequem ausstrecken und entspannt lauschen können. Vielleicht könntest du so sogar einen ganzen Hörspiel-Abend oder Podcast-Nachmittag veranstalten.

Sorge auch für gut klingende Lautsprecher, die laut genug sind. Es soll nicht zu laut sein, aber die Lautsprecher sollen über genug Reserven verfügen, damit du sie nicht bis zum Anschlag aufdrehen musst und sie dann unter Umständen den Klang verzerren. Stelle die Lautsprecher auf gleicher Höhe auf und so, dass möglichst viele Zuhörer ungefähr im »Sweet Spot« sitzen oder liegen, also ungefähr im gleichen Abstand zu beiden Lautsprechern. So können sie am besten auch deine tollen Stereo-Effekte wahrnehmen und bewundern.

Wenn es nur wenige Zuhörer sind, könntest du sogar alle über Kopfhörer hören lassen. Das ist noch mal ein ganz anderer, sehr intensiver Hörgenuss. Benutze dafür einfach deinen Kopfhörer-Verteiler und lass die Zuhörer sich einstöpseln.

Lass deine Zuhörer vorher wissen, wie lang die Präsentation ungefähr dauert. Für viele Menschen ist es nach wie vor ungewohnt, sich hinzusetzen und »einfach nur so zuzuhören«. Sie werden schnell unruhig oder nervös. Wenn sie vorher wissen, dass es jetzt ums Zuhören geht, und wenn sie ungefähr wissen, wie lange das dauert, können sie sich darauf einstellen und fangen nicht schon nach kurzer Zeit an, ungeduldig auf ihren Stühlen hin und her zu ruckeln.

Und jetzt viel Spaß, wenn du deinen Freunden, deiner Familie und deinen Bekannten die tollen »Hör-Früchte« deiner Mühe und Arbeit vorstellst. Und wie wir in Berlin sagen: Sei stolz wie Bolle!

Wichtige Wörter

Adaption. Die Veränderung und Anpassung eines Textes für dein Hörspiel, zum Beispiel wenn du ein Märchen in der heutigen Zeit spielen lässt.

Aktiv-Lautsprecher. Lautsprecher, die den benötigten Verstärker gleich mit eingebaut haben. Du erkennst sie in der Regel am Ein- und Ausschaltknopf und am Lautstärkeregler.

Analog. Art der Informationsübertragung, bei der zum Beispiel die Schallwellen deiner Aufnahme in elektrische Impulse umgewandelt werden.

Antagonist. Der Gegenspieler der Hauptperson einer Geschichte. Die Hauptperson heißt → **Protagonist**.

Artikulation. Die klare und deutliche Aussprache und Betonung deines Textes.

Atmosphäre, kurz **Atmo.** Hier meine ich damit eine durchgehende Klangkulisse im Hintergrund einer Szene, beispielsweise in einem Café oder einem Fußballstadion.

Audio. Damit wird alles bezeichnet, was mit dem Ton und dem Hören zu tun hat; kommt von dem lateinischen Wort »audire« = hören.

Audioformat. Die technische Beschaffenheit, in der deine Aufnahmen gespeichert wird. Es gibt zum Beispiel »MP3« (verkleinertes Format fürs Internet), »AIF« (Macintosh), »WAV« (Windows).

Audio-Interface. Gerät, das die analogen Signale in digitale Informationen umwandelt, damit dein Computer sie benutzen kann. Es wird zwischen Mikrofon und Computer verkabelt.

Audiokanal. Signalweg, auf dem dein Audiosignal verläuft. Der Begriff wird in der Regel für → **Hardware** benutzt, zum Beispiel bei einem Mischpult oder einem → **Audio-Interface**. Nicht zu verwechseln mit → **Audiospur**.

Audiospur. Der Streifen, in dem Audacity deine Aufnahme als → **Wellenform** anzeigt.

Aufnahmesetting. Aufbau deines Equipments und Gestaltung der Aufnahmesituation: Sollen alle Sprecher zusammen aufnehmen? Mit einem oder mehreren Mikrofonen? Jeder Sprecher einzeln? Der ganze Hörspieltext oder einzelne Szenen?

Authentizität. Glaubwürdigkeit, Echtheit.

Beatbox. Beim Beatboxen machst du mit dem Mund, der Nase und dem Rachen Schlagzeuggeräusche nach und »spielst« damit einen richtigen Rhythmus. Wird meistens beim Hip-Hop gemacht.

Brainstorm. Eine Methode zur Ideenfindung. Dabei sagt jeder sofort und ohne zu überlegen, was ihm zu einem Thema oder einem Problem einfällt. Grübeln, Sortieren, Bewerten kommt später.

Clip. Ein einzelner Audiobaustein in Audacity, den du auf der Arbeitsoberfläche hin und her bewegen kannst.

Continuity. Englisch für »Fortbestand, Anschluss«. Passender Übergang zwischen zwei Szenen.

Creative Commons Lizenz. Ein Verfahren, mit dem du deine eigenen Werke vor dem Missbrauch durch Andere schützen kannst.

Dialog. Unterhaltung zwischen zwei oder mehreren Personen.

Digital. Art der Informationsübertragung, bei der die Signale zum Beispiel in einem → **Audio-Interface** in Nullen und Einsen (also Ziffern = engl. »digits«) umgewandelt werden, damit der Computer sie benutzen kann. Alles in deinem Computer ist digital.

Downloaden. Englisch für »Programme oder Dateien aus dem Internet herunterladen«.

Drag & Drop. Englisch für »ziehen und fallenlassen«. Mit der linken Maustaste eine Datei an einen anderen Ort (beispielsweise ein USB-Stick) ziehen und dort ablegen.

Dramaturgie. Die Kunst, eine unterhaltsame und packende Story zu erfinden und aufzuschreiben.

Effekt. Hier sind damit die soundtechnischen Effekte in Audacity gemeint, mit denen du deine Aufnahmen bearbeiten kannst, beispielsweise: Hall, Echo, Tonhöhe, Equalizer.

Equalizer. Effekt-Plugin in Audacity, mit dem du den Klang deines Signals beeinflussen kannst. Damit kannst du den Klang dumpfer oder heller einstellen.

Establishing Shot. Englisch für »Einführende Einstellung«. Kommt eigentlich aus dem Filmbereich. Gibt es oft am Anfang einer → **Szene**, um zu zeigen, wo und wann die Szene spielt. Kannst du aber auch für dein Hörspiel benutzen (zum Beispiel durch einen Erzähler oder eine passende Geräuschkulisse).

Exportieren. Das ist der Vorgang, mit dem du zum Schluss alle Audiospuren, alle Einstellungen und alle Effekte zu einer Stereospur zusammenführst. Du kannst sie dann ins Internet stellen, auf einen Stick kopieren oder auf eine CD brennen.

Extern. Bedeutet so viel wie »außerhalb von etwas«. Damit sind in unserem Zusammenhang oft Festplatten oder → **Audio-Interfaces** gemeint, die sich außerhalb deines Computers befinden und beispielsweise per → **USB** verkabelt werden.

Festplatte. Der Ort in deinem Computer, an dem alle deine digitalen Daten gespeichert werden. Es gibt interne Festplatten, die im Computer verbaut sind, und externe Festplatten, die beispielsweise mit USB verkabelt werden.

FireWire. Eine Art der Verbindung von verschiedenen digitalen Geräten miteinander, zum Beispiel Computer, → **Audio-Interface**, externe Festplatte und so weiter. Du brauchst dafür passende Kabel oder Adapter. Ähnlich wie → **USB** oder → **Thunderbolt**.

Frequenz. Schall ist eine Luftschwingung, und Frequenz ist die Anzahl der Schwingungen einer Schallwelle in einer Sekunde. Je schneller eine Schallwelle schwingt – also je höher ihre Frequenz ist –, desto höher klingt der Ton. In diesem Buch ist hiermit gemeint, wie »dunkel« oder »hell« ein Ton, ein Geräusch, eine Aufnahme klingt. Je lauter die tiefen Frequenzen in einem Ton, einem Geräusch, einer Aufnahme sind, desto dunkler klingt er und umgekehrt.

Genre. Die Gattung oder Sorte einer Geschichte: Krimi, Romanze, Science-Fiction …

Geräuschcollage. Eine Sammlung von verschiedensten, einzelnen Geräuschen, die du zu einem Gesamthörstück neu zusammenstellst.

Großmembran-Mikrofon. Eine bestimmte Bauart eines Mikrofons. Die Membran nimmt die Luftschwingungen auf, die beim Sprechen entstehen und wandelt sie in elektrische Spannung um. Durch die relativ große Membran in so einem Mikrofon klingt der Sound eher wärmer und »runder«. Ist sehr gut für Sprachaufnahmen geeignet.

Hall, auch **Nachhall** oder (engl.) **Reverb.** Typischer Klangeffekt, der entsteht, wenn du in einem sehr großen Raum sprichst, zum Beispiel in einer Kirche oder einem Tunnel.

Handheld-Rekorder. Tragbares Aufnahmegerät, mit dem du unterwegs Aufnahmen machen kannst. Einige dieser Geräte haben auch eine zusätzliche Mikrofon-Funktion, die du per USB mit deinem Computer nutzen kannst. Sie funktionieren dann gleichzeitig als → **Audio-Interface**.

Hardware. Alle technischen Geräte, die du für die Produktion deines Hörspiels brauchst. Eigentlich alles außer der → **Software**.

Hörbuch. Im Gegensatz zum Hörspiel ist es ein »vorgelesenes Buch« mit nur einem Sprecher oder Vorleser. Es gibt aber auch Mischformen, also zum Beispiel Hörbücher mit Geräuschen oder Musik.

Hosting-Plattform. Eine Homepage, auf der du deinen Podcast im Internet veröffentlichen kannst.

Importieren. Dateien auf deinen Computer ziehen, um sie in Audacity zu nutzen (Musik, Geräusche und so weiter).

Innerer Monolog. Text, den nur eine einzige Person spricht, und zwar zu sich selbst. Ein inneres Selbstgespräch. Das würdest du in der Wirklichkeit als Zuhörer nicht hören, im Hörspiel kannst du aber mit verschiedenen Mitteln so tun, als ob.

Interpretation. In unserem Zusammenhang ist damit gemeint, wie du eine Person im Skript lebendig werden lässt. Zum Beispiel welche Betonungen du machst, ob du einen Text eher aufgeregt oder entspannt, böse oder nett, ironisch oder ehrlich sprichst.

Jingle. Eine kurze Erkennungsmelodie oder → **Geräuschcollage**, durch die deine Hörer sofort wissen, dass es sich um deinen Podcast oder um ein Hörspiel aus deiner Produktion handelt.

Kopfhörer-Verteiler. Gerät, mit dem du mehrere Kopfhörer an einen einzigen Kopfhörerausgang deines Computers anschließen kannst. Wird manchmal auch »Kopfhörer-Weiche« genannt. Gibt es in verschiedenen Ausführungen, Bauformen und Preisklassen.

Körperschall. Anteil des Schalls, der nicht durch die Luft in Form von Schallwellen transportiert wird, sondern zum Beispiel durch die Knochen innerhalb deines Kopfes. Aber auch der Anteil, der durch andere Materialien wie Wände oder Fußböden transportiert wird, nennt man Körperschall. Du kannst spüren, wie die Wände oder der Fußboden vibrieren.

LAME-Encoder. Ein kleines Programm, mit dem du später aus deinem fertigen Hörspiel eine MP3-Datei erzeugen kannst.

Latenz. Die Zeitverzögerung, die passiert, wenn dein Computer alle Audiodateien gleichzeitig verarbeiten muss: die, die schon auf deinem Computer sind, und die, die du gerade aufnimmst.

Live. Kurzform von »alive«, Englisch für »lebend, lebendig«. Hier ist damit gemeint, dass mehrere oder alle Sprecher zusammen im selben Moment aufnehmen. Im Gegensatz zu Einzelaufnahmen klingt das oft lebendiger und echter.

Mediathek. Eine Sammlung von Audio- oder Videobeiträgen, die ein Radio- oder Fernsehsender bereitstellt. Die kannst du dir anhören, ansehen oder manchmal auch downloaden. So eine Art Online-Bücherei.

Mikrofon. Gerät, das den Schall (Sprache, Geräusche Musik und so weiter) in elektrische Spannung umwandelt.

Mix. Das Lautstärkeverhältnis zwischen deinen einzelnen → **Audiospuren**. Wenn du alle Spuren gut hörst und sie gut zusammenpassen, hast du einen guten Mix gemacht.

Monolog. Text, den nur eine einzige Person spricht. Im Gegensatz zum Dialog. Siehe auch → **Innerer Monolog**.

MP3. Digitales Audioformat. Da es datenreduziert – also verkleinert – ist, nimmt es auf deinem Computer, deinem USB-Stick, deinem Player weniger Platz ein. Das ist das übliche Format, wenn du etwas im Internet veröffentlichen willst.

Normalisieren. Vorgang, mit dem du innerhalb von Audacity einen Clip oder eine ganze Audiospur auf »0 dB« anheben lässt. Das ist die digitale Übersteuerungsgrenze. Alles, was lauter ist, hört sich in der Regel verzerrt an. Zum Normalisieren gibt es ein spezielles → **Plugin**.

O-Ton, Originalton. Damit sind meistens Interviews, Zitate oder auch Geräuschkulissen gemeint, die direkt am Ort des Geschehens aufgenommen werden. Im Gegensatz zum fertig geschriebenen Text, der abgelesen wird.

Panorama. Das »Rechts-/Links-Bild« deines Hörspiels. Du kannst für deine einzelnen Audiospuren ein regelrechtes Panorama malen.

Parameter. Einstellmöglichkeit für deine Aufnahmen. Zum Beispiel Lautstärke, Panorama, Dauer des Halls, Länge des Echos.

Plosivlaut. Bestimmte Buchstaben des Alphabets, die einen großen, lauten Luftstrom erzeugen, beispielsweise »b«, »k«, »p«, »t«.

Plugin. Software-Effekt, der innerhalb von Audacity programmiert ist. Du kannst diese Effekte in der Menüleiste über → **Effekte** aufrufen.

Podcast. Eine Art Homepage oder → **Mediathek**, in der du verschiedene Audiobeiträge zum Anhören oder Downloaden zur Verfügung stellen kannst. Ein Unterschied und Vorteil: Deine Hörer können deinen Podcast per → **RSS-Feed** abonnieren und werden so über jeden neuen Beitrag automatisch informiert.

Podcatcher. Programm, mit dem du einen → **Podcast** abonnieren und anhören kannst.

Poppkiller. Vorrichtung, mit der du → **Plosivlaute** in der Sprache schon während der Aufnahme herausfilterst.

Postproduktion. Die Phase, in der du alle Audioaufnahmen bearbeitest: schneiden, sortieren, mischen, mit Effekten versehen, exportieren.

Protagonist. Die Hauptperson einer Geschichte. Über sie erfährst du in der Regel am meisten und mit ihr fieberst du mit. Ihr Gegenspieler heißt → **Antagonist**.

Raumabsorber. Schutzschirm, mit dem du während der Aufnahme möglichst viel Raumklang aus deinem Signal filterst, um eine möglichst »trockene Aufnahme« machen zu können.

Redundanz. Die Wiederholung von Informationen. Ist im Normalfall oft ein bisschen überflüssig und nicht besonders elegant. In einer längeren Geschichte kann es aber ratsam sein, dass du deine Zuhörer an wichtige Informationen ab und zu mal wieder erinnerst.

Reflexion. »Widerspiegelung« eines Schallsignals von einem Hindernis, zum Beispiel von einer Wand.

Regie. Ist die Gesamtleitung deines Hörspiels: Welche Sprecher sollen mitmachen? Wie interpretieren die Sprecher ihre Rollen? Wo kommen welche Geräusche hin? Gibt es Musik und wenn ja wo und welche? Wie lang sind die Szenen und das gesamte Hörspiel? Und alles andere.

Regieanweisungen. In einem geschriebenen Text sind das die Tipps oder Empfehlungen, wie dieser Text gesprochen werden soll. Sie sollen den Sprechern helfen, eine gute → **Interpretation** ihrer Rolle zu finden. Die Regieanweisungen stehen meistens in Klammern nach den Personen.

RSS-Feed. Dateiformat, mit dem deine Hörer automatisch mit neuen Informationen aus deinem Podcast versorgt werden.

Rubrik. Gliederung, Kategorie oder Sortierweise. Für dieses Buch könnte man auch sagen, das ist eine Überschrift, unter der inhaltlich ähnliche Audiobeiträge zusammengestellt sind.

Rückkopplung (Englisch: Feedback). Hohes Pfeifen, das entsteht, wenn dein Mikrofon zu nah am Lautsprecher aufgebaut ist.

Shortcut. Englisch für »Abkürzung«. Das ist eine Tastenkombination, mit der du bestimmte Befehle per Tastatur ausführen kannst. Du musst dich dann nicht extra mit der Maus durch viele Unterbefehle oder Menüs klicken. In Audacity kannst du einige Befehle, die du oft benutzt, auch selbst programmieren.

Skript. Die aufgeschriebene Version deines Hörspiels, der gesamte Text. Idealerweise stehen dort auch schon die → **Regieanweisungen**, die Geräusche und die Musik drin.

Slideshow. Eine Abfolge von Bildern, die thematisch sortiert sind und die meistens mit Musik oder Geräuschen unterlegt ist. So eine Art Film mit einzelnen Bildern. Manche Computerprogramme zum Bilderangucken beinhalten auch eine Slideshow-Funktion. Bei macOS heißt sie »Diashow«.

Software. Computerprogramm.

Sound. Englisch für Klang, Geräusch, Ton.

Soundcheck. Klangprobe, in der du die Lautstärke für deine Aufnahme austestest und einstellst.

Soundkarte. Gerät innerhalb deines Computers, das die analogen Signale in digitale Informationen umwandelt, damit dein Computer sie benutzen kann. Dort schließt du dein Mikrofon und deine Lautsprecher an.

Speicherkarte. Chip, auf dem digitale Daten gespeichert werden, beispielsweise die Aufnahmen mit deinem → **Handheld-Rekorder**.

Suffix. Ergänzung des Dateinamens. Jedes Computerprogramm hängt an den Dateinamen noch eine eigene Endung, das Suffix (»doc« bei einer Word-Datei, »aup« bei einer Audacity-Datei). Daran erkennt der Computer, welches Programm er öffnen muss, um diese Datei zu bearbeiten.

Sweet Spot. Englisch für »Süßer Punkt«. Die Position im Raum, in der du den Mix deines Hörspiels am neutralsten beurteilen kannst. Dein Kopf und deine Ohren befinden sich im gleichen Abstand zu den Lautsprechern und auf gleicher Höhe.

Take. Eine Aufnahme.

Thunderbolt. Eine Art der Verbindung von verschiedenen digitalen Geräten miteinander, zum Beispiel Computer, → **Audio-Interface**, externe Festplatte und so weiter. Du brauchst dafür passende Kabel oder Adapter. Ähnlich wie → **FireWire** oder → **USB**.

Tontechniker. Person, die sich ausschließlich um die Tonaufnahme und ihre Qualität kümmert: Lautstärke, Mikrofon-Abstand, → **Plosivlaute** und so weiter.

Uploaden. Englisch für »Programme oder Dateien in das Internet hochladen«. Du kannst beispielsweise dein fertiges Hörspiel ins Internet uploaden.

USB. Englisch, Abkürzung für »Universal Serial Bus«: Ein- und Ausgang an deinem Computer für verschiedene Geräte, zum Beispiel → **Audio-Interfaces** und → **USB-Mikrofone**.

USB-Mikrofon. Mikrofon, das per USB direkt an deinen Computer angeschlossen wird. Ein USB-Mikrofon ist gleichzeitig auch schon ein → **Audio-Interface**.

Wellenform. Bildliche Darstellung deiner Aufnahme in der typischen »Zickzack-Form«. An ihr kannst du ablesen, wie laut dein Signal ist und wie lange es dauert.

Zum Wiederfinden

T

U

V

W

Über den Autor

Marco Ponce Kärgel ist Musiker und Tontechniker. Als selbst ernannter Medien- und studierter Sozialpädagoge hat er sich der Arbeit mit Kindern, Jugendlichen und jungen Erwachsenen verschrieben. Sein Spezialgebiet sind Hörspiele und alles, was sonst noch mit Hören und Spielen zu tun hat: Audioblogs, Slideshows, Musik, Klanginstallationen und vieles mehr.

Außerdem gibt Marco Ponce Kärgel Hörspiel- und Tontechnik-Fortbildungen für Erwachsene (zum Beispiel Lehrerinnen, Erzieher, Sozialarbeiterinnen) und berät beim Kauf von Audio-Equipment für Hörspiel- und Podcast-Produktionen.

Auf seinen beiden Homepages www.hoerspielemitjungenmenschen.de und www.marcoponcekaergel.de finden sich viele Hörbeispiele und interessante Hintergrundinformationen zu seiner Arbeit.

Danksagungen

Elge Kenneweg hat die schönen stimmungsvollen Fotos gemacht. Noch mehr Fotos von Elge könnt ihr hier sehen: www.elgekenneweg.de

Und danke, danke, danke an Anton, Hermine, Lale und Marek. Ihr wart prima Foto-Models!

www.ingramcontent.com/pod-product-compliance
Lightning Source LLC
LaVergne TN
LVHW080847170826
845678LV00006B/1734

* 9 7 8 3 5 2 7 7 2 2 4 3 3 *